· 高等学校计算机基础教育教材精选 ·

计算机应用基础

侯彦利 编著

清华大学出版社
北京

内 容 简 介

本书是以教育部全国高校网络教育考试委员会制定的计算机应用基础考试大纲（2013 年修订版）为指导编写的学习用书，涵盖了该大纲要求的 Windows 操作系统及其应用、Word 文字编辑、Excel 电子表格、PowerPoint 电子演示文稿和计算机网络基础等部分的考试内容。其特点是注重培养实用办公技能，文字简练，用丰富的图解和生动的实例介绍知识点，易读易懂。每章都附有适当的练习题。

本书可以作为全国高校网络教育本、专科层次各专业计算机应用基础课程的教材，也可以作为普通高等院校计算机文化基础课程用书，或者作为计算机办公培训教材，也适合计算机初学者自学。

图书在版编目（CIP）数据

计算机应用基础 / 侯彦利编著．--北京：清华大学出版社，2013
高等学校计算机基础教育教材精选
ISBN 978-7-302-33419-4

Ⅰ．①计…　Ⅱ．①侯…　Ⅲ．①Windows 操作系统－高等职业教育－教材 ②办公自动化－应用软件－高等职业教育－教材　Ⅳ．①TP316.7 ②TP317.1

中国版本图书馆 CIP 数据核字（2013）第 182785 号

责任编辑：袁勤勇
封面设计：傅瑞学
责任校对：时翠兰
责任印制：王静怡

出版发行：清华大学出版社
　　　网　　　　址：http://www.tup.com.cn, http://www.wqbook.com
　　　地　　　　址：北京清华大学学研大厦 A 座　　　　**邮　　编：**100084
　　　社　总　机：010-62770175　　　　　　　　　　　**邮　购：**010-62786544
　　　投稿与读者服务：010-62776969, c-service@tup.tsinghua.edu.cn
　　　质　量　反　馈：010-62772015, zhiliang@tup.tsinghua.edu.cn
　　　课 件 下 载：http://www.tup.com.cn, 010-62795954
印　装　者：北京鑫海金澳胶印有限公司
经　　　销：全国新华书店
开　　本：185mm×260mm　　　　**印　　张：**15　　　　**字　　数：**344 千字
版　　次：2013 年 9 月第 1 版　　　　　　　　　　　　**印　　次：**2013 年 9 月第 1 次印刷
印　　数：1～3000
定　　价：29.00 元

产品编号：053594-01

前言

　　在计算机技术高速发展的今天，计算机已经渗透到各行各业，进入人们日常生活的各个环节，成为人们生活、学习和工作中不可缺少的工具。掌握一定的计算机基础知识和应用技术成为当今社会对人才培养的基本要求。本书重点介绍计算机应用的基础知识，包括 Windows 7 操作系统、Office 2010 和计算机网络基础知识等内容。

　　Windows 7 已经成为微机的主流操作系统。本书较详细地介绍 Windows 7 的基础知识和操作方法，主要介绍 Windows 7 的桌面及窗口管理、Windows 7 的文件和文件夹的管理、中文输入法的设置、个性化桌面背景和"开始"菜单的设置、软件的安装、硬件的管理、网络及家庭网络配置和使用方法、IE 浏览器的使用技能等，很适合对 Windows 7 还很陌生，希望尽快掌握 Windows 7 基本使用方法的读者。

　　Office 2010 是目前最常用的办公软件之一。本书较详细地介绍 Word 2010 的文档创建、文字编辑、格式设置、样式和模板、插入操作、页面布局和文档打印，Excel 2010 中表格的创建、编辑和格式设置、数据的排序筛选、创建图表的方法，PowerPoint 电子演示文稿的创建、版式设置、自定义动画设置、幻灯片切换设置、幻灯片放映等内容。

　　本书从初学者的角度出发，注重基本应用技能培养，采用"任务驱动"教学法，逐层深入地讲解每一个知识点，并结合多年来计算机应用基础全国统考的经验，组织各章节的内容，有针对性地设置讲解用例和每章后的练习题。内容上，以计算机实际应用能力的培养为目标，适当精简理论阐述，注重实用办公技能的掌握。写作风格上，力求文字简练，通过图解、实例更生动地介绍知识点，易读易懂。通过本书的学习，对于完全没有计算机应用基础的初学者，能够较快掌握日常办公需要的计算机基础知识和基本操作；对于已有老版本 Windows 操作系统和 Office 办公软件基础的读者，可以很快熟悉 Windows 7 和 Office 2010 的使用方法。

　　本书由吉林大学侯彦利主编，秦贵和审校。参与编写的还有肖贺飞、何舒、张洪玲、冯伯驹等。

　　在本书编写和出版过程中，得到了吉林大学网络教育学院领导的热情指导与帮助，参考了有关作者的书籍资料，在此一并表示衷心感谢。

　　限于编者的水平，加上时间仓促，难免会有错误与不足之处，敬请读者批评指正。

编　者
2013 年 5 月于长春

目录

第 **1** 章 计算机基础知识

电子计算机(computer)是一台机器,是一种可以接收命令和数据、执行命令、处理数据、存储数据并能输出数据的电子装置。它是 20 世纪科学技术发展进程中最卓越的成就之一。

1.1 计算机的类型

在 20 世纪 40 年代诞生的第一台计算机是需要许多人共同进行操作的巨型机器。与早期的计算机相比,今天的计算机不仅速度快了成千上万倍,而且可以放在桌子上、膝盖上,甚至口袋中。计算机的体积、形状、功能及使用方式都发生了巨大的变化。

依据计算机的大小和功能,计算机的类型中有包含成千上万个处理器的超大型计算机,这类计算机可以执行非常复杂的运算;有用于管理海量存储系统提供数据服务的小型机;还有可以放在办公桌上使用,或者嵌入在汽车、电视、音响系统等设备中的微型计算机,这些计算机在特定的环境中执行有限的任务。

个人计算机(PC)是最常见的一种计算机类型,是为一个人使用而设计的微型计算机,有台式计算机、便携式计算机、手持式计算机等多种形式。

1. 台式计算机

台式计算机是可以放在办公桌上使用的通用计算机,它们通常比其他类型的个人计算机尺寸大而且功能强。台式计算机通常包括主机箱、显示器、键盘和鼠标,如图 1-1 所示。主机箱通常放在桌子上面或下面,其他部件通过电缆连接到主机箱上。

2. 便携式计算机(笔记本电脑)

便携式计算机将主机箱、显示器和键盘集成在一起,显示屏幕轻、薄,不使用时可以向下折叠到键盘上,如图 1-2 所示。便携式计算机可以靠电池工作,方便携带。

3. 手持式计算机

手持式计算机也称为"个人数字助理(PDA)",靠电池供电,尺寸很小,如图 1-3 所示。手持式计算机可用于日程安排、访问 Internet、玩游戏,甚至可以打电话。手持式计算机往往使用触摸屏技术把显示屏幕和键盘合二为一,可以用手指或"触笔"在触摸屏上操作。智能手机就是典型的手持式计算机。

图 1-1

图 1-2

图 1-3

1.2　计算机的组成部分

　　计算机由硬件和软件组成。硬件部分是看得见、摸得着的实体。软件指的是指令、程序及数据。运行时由程序指令控制硬件完成各种任务。

　　台式计算机系统一般由主机箱、显示器、键盘和鼠标4个配件构成。根据具体应用需要，还可以在此基础上添加各种设备，如打印机、音箱（耳麦）和扫描仪等。

　　主机箱内部主要包含系统主板、电源盒、硬盘驱动器、光盘驱动器等；在主板上插接的基本部件有 CPU、内存条、显示卡、网卡或 Modem 等。

1. 系统主板

　　系统主板是一块连接组装其他部件的母板，如图 1-4 所示。微型计算机通过主板将CPU、内存条、光盘驱动器、硬盘驱动器、显示驱动卡、网卡等各种器件和外部设备结合起来，形成一套完整的系统。

图 1-4

图 1-5

2. 微处理器（CPU）

　　计算机硬件中最重要的部分是中央处理单元（CPU），如图 1-5 所示。微型计算机的CPU 又称为微处理器，它是计算机的"大脑"。目前，微处理器的工作频率有 2GHz、

2.4GHz、2.8GHz 和 3.2GHz 等，数据位数为 32 位或者 64 位。在一枚处理器中集成两个或多个完整的计算内核称为多核处理器。

3. 内存

计算机的存储器分为内存储器和辅助存储器。内存储器通常简称内存，是存放程序指令和数据的部件，内存条就是内存的一种，如图 1-6 所示。辅助存储器指的是硬盘、光盘和 U 盘等存储设备。在计算机内部，指令和数据是用二进制数形式表示的，存储器的基本功能就是存储二进制形式的各种信息。

存储器的一个主要性能指标是存储容量。存储容量的基本单位是字节（Byte），一个字节由 8 位二进制数构成。

由于计算机的存储容量一般都很大，所以存储容量常用的单位是 KB（千字节）、MB（兆字节）和 GB（千兆字节）。它们之间的换算关系为：

$$1KB = 2^{10} B = 1024B$$
$$1MB = 2^{20} B = 1024KB$$
$$1GB = 2^{30} B = 1024MB$$

目前内存条（如图 1-6 所示）的存储容量一般是 1GB 或 2GB 一条，微型计算机上使用的硬盘一般为几百 GB，CD 型光盘的容量一般是 650MB 或 720MB，DVD 型光盘的容量一般是 4GB，U 盘容量一般是几个 GB 或几十 GB，如图 1-7 所示。

带写入锁的U盘

图 1-6   图 1-7

4. 显示器

显示器是人与计算机交互时，计算机显示其内容的设备，人们通过显示器了解计算机的工作状态。

计算机使用的显示器主要有两种：阴极射线管显示器（CRT）（如图 1-8（a）所示）和液晶显示器（LCD）（如图 1-8（b）所示）。LCD 显示器以前只用于笔记本电脑，现在也普遍用于台式机。LCD 非常显著的特点是：超薄、完全平面、无电磁辐射和功耗小等，更符合环保的要求。

(a)   (b)

图 1-8

5. 键盘

键盘是通过按键将程序、命令或数据送入计算机的输入设备，如图 1-9 所示。标准键盘键位布局分为如下 4 个区。

（1）主键盘区，如图 1-10 所示：包括 26 个英文字母、10 个数字、11 个标点符号、14 个控制键。一个按键上标有上下两个字符的称为双字符键。

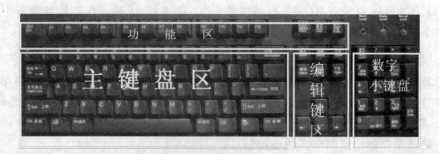

图 1-9

汉字状态下输入
顿号"、"

弹出快捷菜单

图 1-10

- 控制键 Ctrl：与其他键组合使用，如 Ctrl＋A（按住 Ctrl 键再按 A 键）。
- 换档键 Shift：与其他键组合使用。按住 Shift 键，再按双字符键，可以输入上方的符号，如输入 $ ；按住 Shift 键，再按字母键，可以输入大写字母。
- 转换键 Alt：与其他键组合使用，如 Alt＋PrintScreen。
- Windows 键：弹出 Windows 开始菜单，等同于单击"开始"按钮。
- 制表定位键 Tab：按一次，光标向右移动 8 个字符位置。
- 大写字母锁定键 Caps Lock：按一下，大写锁定指示灯亮，可以输入大写字母（如图 1-11 所示）；再按一下，解除锁定，可以输入小写字母，同时大写字母指示灯灭。
- 退格键 Backspace←：删除光标左边的一个字符。
- 回车键 Enter：回车换行、执行命令。

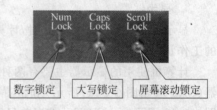

图 1-11

（2）功能键区，如图 1-12 所示：包括强行退出键 Esc、功能键 F1～F12、屏幕内容复制键 PrintScreen、屏幕滚动锁定键 Scroll Lock 和暂停/中止键 Pause/Break。

图 1-12

- 退出键 Esc：取消当前正在执行的命令，退出当前程序或状态。

———————— 计算机应用基础

- 功能键 F1～F12：在 Windows 系统中，F1 键可以打开 Windows 帮助窗口，F2 用于修改图标名称，F3 可以打开搜索窗口，等等。
- PrintScreen：截屏键，复制屏幕内容。

（3）编辑键区，如图 1-13 所示：位于键盘中右部，包括 4 个光标移动键↑↓←→、插入键 Insert、删除键 Delete、行首键 Home、行尾键 End、上页键 PgUp 和下页键 PgDn。
- 插入键 Insert：可以在插入和改写状态之间转换。
- 删除键 Delete：删除光标右边的字符。
- 行首键 Home：光标回到该行的起始位置。
- 行尾键 End：光标回到该行的末尾。

（4）数字小键盘，如图 1-14 所示：位于键盘右部，包括数字锁定键 NumLock、光标移动键↑↓←→、数字键、算术运算符号键和回车键等。
- 数字锁定键 NumLock：按一下，数字锁定指示灯亮，输入数字；再按一下，数字键盘锁定灯灭，小键盘作为编辑键使用。

图 1-13   图 1-14   图 1-15

6. 鼠标

鼠标是控制显示器上光标位置、选择显示器上内容、向计算机输入命令的手持输入设备，如图 1-15 所示。按照工作原理，鼠标有机械式和光电式两类。笔记本电脑配有触摸式鼠标。

光电式鼠标移动范围不如机械鼠标大和随意，但其定位精度比机械式鼠标高，防尘性能好。鼠标通常有左右两个按钮：左键通常为主按钮，右键为辅助按钮。很多鼠标在两个按钮之间还有一个滚轮，使用滚轮可以平滑地滚动浏览屏幕上的信息。

鼠标通过串行接口（COM1 或 COM2）、PS/2 接口或 USB 接口与计算机相连。

7. 接口

外部设备与计算机连接的部件称为设备接口。目前主板上集成的外部接口主要有：COM 串行口、PS/2 鼠标键盘接口、LPT 并行口、USB 通用串行接口等，如图 1-16 所示，其中（a）为台式机接口，（b）为笔记本接口。
- COM 串行口：设备名为 COM1、COM2，用于串行通信。
- LPT 并行口：常用于连接打印机，所以也称为打印口，赋予专用设备名 LPT。
- USB 接口：通用串行总线接口。可以通过 USB 接口连接的设备有显示器、键盘、

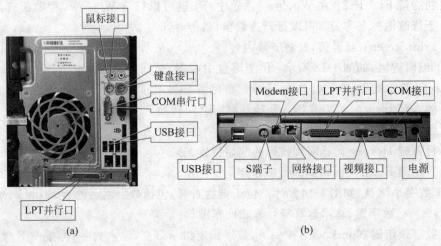

图 1-16

鼠标、扫描仪、光笔、数字化仪、数码照相机、打印机、绘图仪、调制解调器、MP3、U盘和移动硬盘等。目前几乎所有主板上都内置 2 个或 4 个 USB 接口。

- PS/2 接口：连接鼠标、键盘。紫色口接键盘，绿色口接鼠标。

在台式机上，显示适配卡上有视频接口，内置的 Modem 卡上有 Modem 接口，网络驱动卡有网络接口。

- 视频接口：连接显示器或投影设备。
- Modem 接口（内置 Modem）：可以连接电话线，用于拨号上网。
- 网络接口：用于宽带网络的连接，常见的是 RJ45 网络接口。

1.3 启动与关闭计算机

按一下电源开关，给计算机加电就可以启动计算机，也称为开机。计算机使用完毕要关机。

1. 启动

启动计算机有 3 种方式：冷启动、热启动、复位启动。

（1）冷启动。按一下主机箱面板上的电源按钮，电源指示灯亮，计算机开始运行。计算机首先检查自身连接的各种硬件，检查硬件的种类型号，设置硬件参数，测试各种硬件功能是否正常。如果全部正常工作，系统就自动装入操作系统软件。稍后，如果操作系统软件安装成功，系统就出现用户登录界面，输入用户名和密码，计算机就可以使用了。

如果系统硬件出现错误，在屏幕上会出现提示，说明出错的可能原因，系统启动失败。

如果系统在出现"正在启动 Windows…"界面后，启动失败，最常见原因是操作系统出现问题，而硬件功能正常。

（2）热启动。在计算机使用过程中，如果新安装了硬件或者软件，通常需要重新启动计算机以完成一些参数设置工作。在「开始」菜单中的"关机"命令组中,含有"重新启动"命令,使用它可以重启计算机。如果计算机运行不畅,也可以尝试重新启动计算机,操作系统可以自行修复一些小故障。

（3）复位启动。计算机死机或者因为别的原因希望重新启动计算机,可以按一下主机箱上的复位(Reset)按钮,计算机重新启动,复位启动过程与冷启动一致。

2. 关机

（1）按一下电源开关,计算机就进入关机程序。稍后,电源指示灯灭,关机完成。

（2）手动关闭已经打开的所有应用程序,在「开始」菜单中单击"关机"按钮,稍后,电源指示灯灭,关机完成。

1.4　计算机能做什么

在工作场所,许多人用计算机进行记录分析数据,进行科学研究,以及管理复杂事务。在家里,可以用计算机查找信息、存放资料、画图、听音乐、看电影或动画、上网、聊天、看新闻、玩游戏、收发电子邮件、制作课件、制作数字电影、翻译文字、与他人进行交流以及其他一些可能的事情。

"网上冲浪"的意思就是浏览 Web。可以在 Web 上查找我们能想象得到的任何信息,可以阅读新闻报道,核对航班时刻表,查阅地图,了解天气预报,调查健康状况等。大多数公司、机关、博物馆和图书馆都有网站,网站上有关于它们产品、服务或收藏的信息。也可以随处获得诸如词典和百科全书之类的参考资料。Web 还是购物者的天堂。可以在网站上浏览和购买书籍、音乐、玩具、衣服、电子产品等。

电子邮件,一般大型的网站都提供免费的电子邮件服务,很方便就可以申请一个电子邮箱。发送的电子邮件可以立刻到达收件人的电子邮件收件箱中,还可以同时给许多人发送电子邮件,并可以保存、打印并向他人转发电子邮件,也可以在电子邮件中附带发送任何类型的文件,如文档、图片和音乐文件等。

聊天,和另一个人或一群人进行实时对话。当键入并发送一条消息时,所有的参与者都可以在计算机前立即看到这条消息。

图片、音乐和电影,可以将数码相机中的照片从相机移到计算机上。然后可以打印它们、创建幻灯片,或者通过电子邮件将它们发布在网站上与他人共享。可以在计算机上聆听音乐,如果计算机上有 DVD 播放机,则还可以观看电影。玩游戏,可以获得成千上万种想得到的电脑游戏进行娱乐。许多游戏都允许通过 Internet 与世界上的其他玩家比赛。

第 2 章　Windows 7 操作系统

电脑办公是现代社会的主流。学习电脑办公,首先要学习操作系统的使用。对于用户,操作系统的人机交互界面如同办公桌,桌面上有办公的工具、文件和材料。Windows 7 是目前使用最为广泛的操作系统,它秉承了 Windows XP 的实用与 Windows Vista 的华丽,效率更高、速度更快、运行更流畅。

2.1　Windows 7 的启动与退出

Windows 7 共有 6 个版本,分别为初级版,Windows 7 Starter;家庭普通版,Windows 7 Home Basic;家庭高级版,Windows 7 Home Premium;专业版,Windows 7 Professional;企业版,Windows 7 Enterprise;旗舰版,Windows 7 Ultimate。

1. 启动 Windows 7

(1) 按下计算机电源开关,指示灯亮,系统启动,当屏幕提示"正在启动 Windows",稍后,出现欢迎界面,计算机中用户账户的图标和名称出现在界面上,单击账户图标,输入登录密码,按回车键或者单击右侧的登录按钮,系统加载信息,稍后,登录到 Windows 7 系统中,出现 Windows 7 的桌面,如图 2-1 所示。

如果是新安装的 Windows 7 系统,还没有设置用户账户,系统在启动时跳过账户和密码环节直接登录,出现 Windows 7 桌面。

(2) 计算机在使用过程中,经常遇到要求重新启动的提示。单击「开始」按钮,在弹出的开始菜单中,单击"关机"旁边的▶按钮,出现列表命令,单击"重新启动"命令,重新启动计算机如图 2-2 所示。

2. 退出 Windows 7

关闭正在执行的任务,然后单击「开始」按钮,在弹出的"开始"菜单中,单击"关机"菜单命令项,系统提示"正在关机",稍后,系统退出 Windows 7,主机电源自动关闭,指示灯灭,计算机关闭完成。

计算机太过频繁地开机关机,会影响计算机的寿命。因此在几十分钟之内不使用计算机,可以将它设置为"休眠"或"睡眠",如图 2-3 所示。

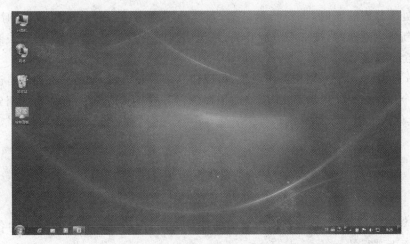

图　2-1

图　2-2

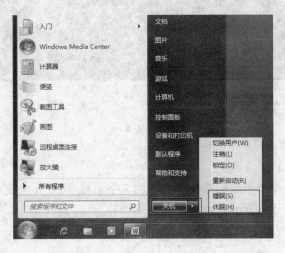

图　2-3

系统处于休眠状态时,电源指示灯灭;系统处于睡眠状态时,电源指示灯时亮时灭。当需要重新进入系统时,按一下电源开关,系统回到登录界面,重新登录,休眠或睡眠前的工作状态全部恢复。

Windows 7 是一个多用户操作系统,可以建立多个账户,每个账户都拥有自己的工作环境。一个用户结束使用计算机,应该注销账户。单击"注销"命令,操作系统回到登录界面,这时其他人可以登录计算机。

2.2 Windows 7 的桌面

登录 Windows 7 后,呈现在用户面前的就是桌面,用户使用计算机完成的各种操作都是在桌面上进行的。

2.2.1 桌面的组成

Windows 7 的桌面主要由桌面图标、任务栏和「开始」按钮组成,如图 2-4 所示。

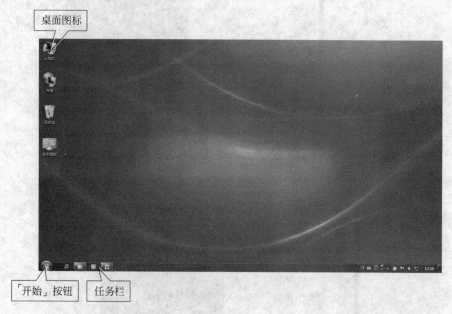

图 2-4

1. 桌面图标

桌面图标是由一个个形象的小图片和说明文字组成,图片作为它的标识,文字是它的名称和功能的简单描述。Windows 7 桌面上的图标除了"回收站"之外,都可以删除。

2. 任务栏

任务栏位于桌面底部,主要由「开始」按钮、程序按钮区、语言栏、通知区域和"显示桌面"按钮组成,如图 2-5 所示。

图 2-5

(1)「开始」按钮

单击「开始」按钮,弹出「开始」菜单,如图 2-6 所示。或者按键盘上的 Windows 键也可以弹出「开始」菜单。「开始」菜单分为左右两大部分,左半边包含了操作系统安装的几乎所有的应用程序,右半边包含操作系统自身提供的部分功能项目。使用计算机的大部分操作都是从「开始」菜单开始的。

图 2-6

- "固定程序"列表中的程序会固定地显示在该位置,用户常用的程序可以添加到此,方便用户启动程序。固定程序与常用程序之间有一条淡青色的分割线。
- "常用程序"列表默认最大存放 10 个常用程序,如果超过 10 个,它们按照使用时间的先后顺序排列,只保留最近的 10 个程序。系统默认的常用程序有两个:多媒体中心(Windows Media Center)和入门。
- 单击"所有程序"按钮,弹出上拉列表程序菜单,其中包含系统安装的所有应用程序,如图 2-7 所示。这些程序分为两组:程序组和应用程序。带有文件夹图标的是程序组,带有其他图标的是应用程序。单击程序组,弹出组中应用程序列表,单击列表中的应用程序,启动该应用程序。
- "启动"菜单中包含经常使用的部分 Windows 链接,通过单击可以打开它们。从上到下依次为:

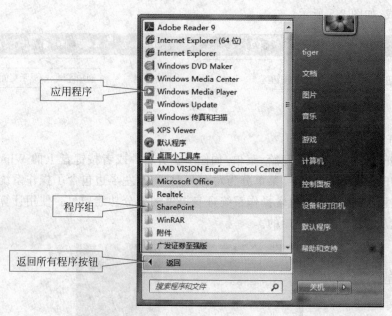

图 2-7

① 当前登录用户的个人文件夹。例如 Tiger 是名为 Tiger 的用户个人文件夹,如图 2-8 所示,单击可以打开它。

图 2-8

② "文档"文件夹,用于存储用户的各种类型的文档,是个人文件夹中"我的文档"文件夹的一个链接。

③ "图片"文件夹,用于存储和查看数字图片及图形文件,是个人文件夹中"我的图

片"文件夹的一个链接。

④"音乐"文件夹,用于存储和播放音乐及其他音频文件,是个人文件夹中"我的音乐"文件夹的一个链接。

⑤"游戏"文件夹,单击它启动计算机上的游戏。

⑥ 单击"计算机",打开"资源管理器"窗口,用户可以直接访问磁盘驱动器、照相机、打印机、扫描仪及其他连接到计算机的硬件。

⑦ 单击"控制面板",打开"控制面板",可以设置计算机的外观及功能、安装或卸载程序、设置网络连接和管理用户账户。

⑧ 单击"设备和打印机"打开一个窗口,可以查看打印机、鼠标和计算机上安装的其他设备的信息。

⑨ 单击"默认程序"打开一个窗口,用户在这里可以设置一个要让 Windows 运行的应用程序。

⑩ 单击"帮助和支持",打开"Windows 帮助和支持"窗口,可以搜索、浏览有关 Windows 使用方法的帮助信息,是用户快速掌握 Windows 操作系统的捷径,如图 2-9 所示。

图 2-9

• 单击"关机"按钮关闭计算机。

(2)程序按钮区

用于放置启动的应用程序图标按钮,在任务栏上占用的区间最多。单击它,可以在应用程序之间快速切换。此外,鼠标滑动到图标按钮上,右击,会弹出上拉列表,如图 2-10 所示。列表中包含两部分:应用程序操作命令和应用程序最近打开的文件。

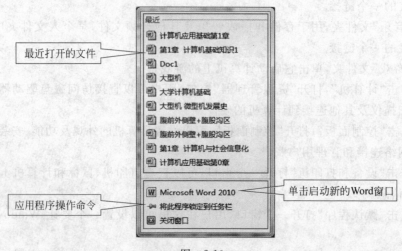

最近打开的文件

单击启动新的Word窗口

应用程序操作命令

图　2-10

- 应用程序操作命令中包括关闭应用程序窗口命令、将应用程序锁定到任务栏命令
  和启动应用程序新窗口命令。

（3）语言栏

语言栏是一个浮动工具栏，默认位于任务栏上方，最小化后位于通知区域左侧，如图 2-11 所示。语言栏总是位于所有窗口的最上面，以便用户快速选择输入法。

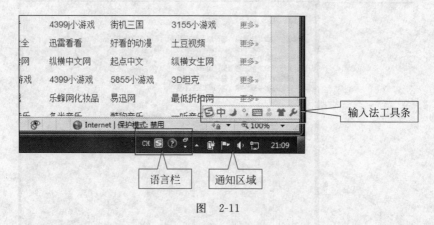

输入法工具条

语言栏

通知区域

图　2-11

（4）通知区域

位于任务栏的右端，由一组图标组成，如图 2-12 所示，双击图标可以打开其应用程序。通常在通知区域显示的图标有系统时钟、音量、网络、操作中心等。

单击"显示隐藏的图标"小钮，弹出上拉图标列表，单击"自定义"，弹出控制面板中的"所有控制面板项"下的"通知区域图标"窗口，如图 2-13 所示，在其中可以管理设置通知区域中显示的图标。

（5）"显示桌面"按钮

位于任务栏最右端，单击它可以将所有打开的窗口最小化，显露出完整的桌面。再次单击它，恢复原来的状态。

图 2-12

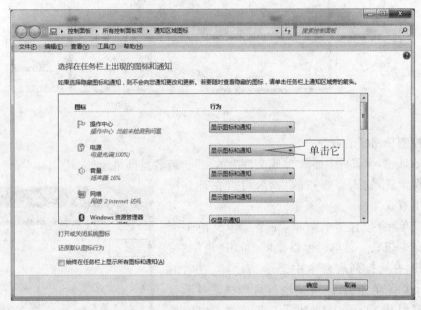

图 2-13

2.2.2 Windows 7 的窗口

启动一个应用程序,在桌面上就出现它的窗口。Windows 7 中所有应用程序都通过窗口接受命令、处理数据、显示结果。有些窗口很相似。

1. 窗口的组成

一个窗口,一般包括标题栏、地址栏、搜索栏、菜单栏、工具栏、导航窗格、工作区和状态栏等区域,如图 2-14 所示。

- 标题栏,栏中显示应用程序的名称、打开的文件的名称;在标题栏上按下鼠标左键拖动,可以移动窗口。在标题栏的右端通常是窗口的控制按钮区,单击它们可以最小化、最大化和关闭窗口。在标题栏上右击鼠标,弹出窗口的控制命令菜单,与

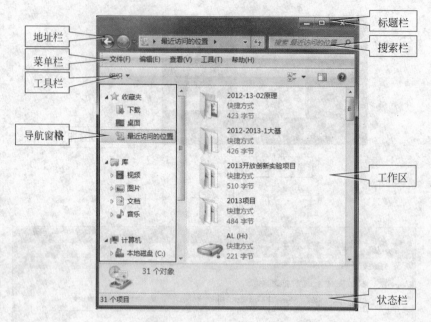

图　2-14

控制按钮区的命令一样。

- 地址栏，设置或显示文件或文件夹的路径，或者是网络地址。

- 搜索栏，输入要查找的内容，可以在计算机中查找文件或文件夹。

- 菜单栏，包含多个菜单，每个菜单又由多个命令组成。菜单栏可以隐藏，单击"组织"按钮，在下拉列表命令中选择"布局"，在它的下级菜单中勾选"菜单栏"，菜单栏就显示在窗口中，如图 2-15 所示。再次单击"菜单栏"，去掉勾选，菜单栏被隐藏。

- 工具栏，包含常用命令按钮，如"组织"、"打开"、"包含到库中"、"共享"、"新建文件夹"等。

- 导航窗格，对窗口中进行的复杂操作给予导航，如 Word 中的剪贴板导航，PowerPoint 中的自定义动画导航，资源管理器中的整个计算机存储系统导航。

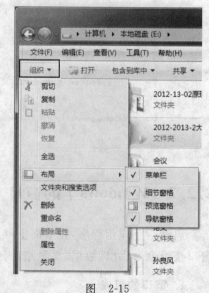

图　2-15

- 状态栏，位于窗口最下方，显示当前窗口工作区中的状态信息。

2. 窗口的基本操作

窗口的基本操作包括打开窗口、关闭窗口、最大化窗口、最小化窗口，以及还原窗口、移动窗口、缩放窗口、切换窗口和排列窗口等。

- 最小化、最大化和关闭窗口,在标题栏的右端是窗口的控制按钮区,单击它们可以最小化、最大化或还原、关闭窗口。在标题栏上右击,弹出窗口的控制命令菜单,如图 2-16 所示。

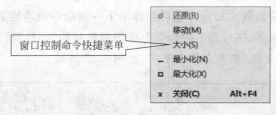

图　2-16

- 在标题栏上按下鼠标左键拖动,可以移动窗口。
- 缩放窗口,将鼠标移到窗口的四边或四角,鼠标变为⇔,按下鼠标左键拖动,可以放大或缩小窗口。
- 切换窗口,Windows 7 中采用 Aero 三维窗口切换,如图 2-17 所示。按下Windows 键再按 Tab 键,屏幕显示三维立体的窗口切换效果,每按一次 Tab 键,切换一个应用程序窗口。

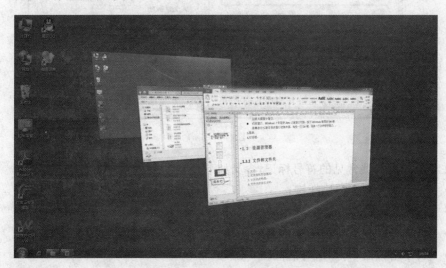

图　2-17

单击任务栏中的应用程序图标按钮,也可以快速切换窗口。
- 排列窗口,如果屏幕上打开的窗口太多,在任务栏上的程序按钮区的空白处右击,弹出快捷菜单,可以将窗口层叠、堆叠或并排显示。

2.2.3　菜单与对话框

Windows 7 中的菜单有两种:菜单栏中的菜单和快捷菜单。

1. 菜单栏中的菜单

Windows 7 将窗口中能够执行的所有命令分类,形成了菜单栏。其中每个菜单包含若干个命令,这些命令通常以下拉列表的形式出现。随着操作对象的不同菜单中的命令随之相应变化,有些功能强大的命令还可能弹出下一级命令列表或者对话框。

- 在资源管理器窗口中,选中磁盘作为操作对象时的"文件"菜单和选中文件作为操作对象时的"文件"菜单有很大不同,如图 2-18 所示。

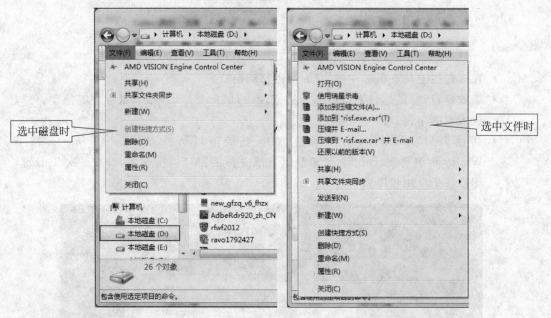

图　2-18

在菜单中有一些常见的符号标记,含义如下:

- 字母,执行命令的快捷键;
- √,命令已选中并应用;
- ▶,该命令有下一级子菜单;
- …,单击该命令,弹出对话框。

2. 快捷菜单

在 Windows 7 中,选中任何对象或在任何地方右击都弹出快捷菜单。菜单中包含对选中对象的常用操作命令,如图 2-19 所示。

3. 对话框

在执行应用程序中的命令时,常常需要对命令做进一步说明或者需要输入参数,这时系统会弹出对话框。对话框类似于窗口,但比窗口简单,包含标题、选项卡、文本框、列表框、微调框、单选按钮、复选按钮、"确定"按钮和"取消"按钮等,如图 2-20 所示。

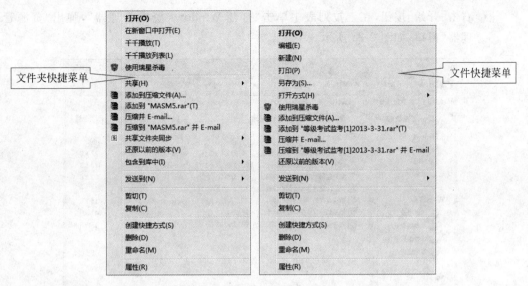

图 2-19

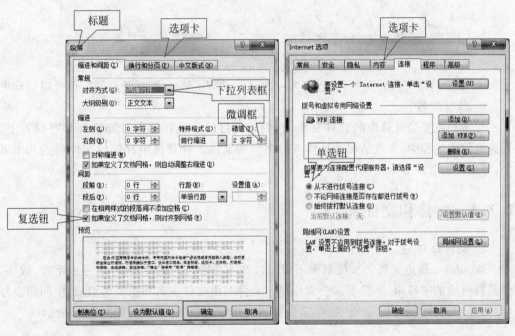

图 2-20

2.3 资源管理器

计算机上的资源包括硬件资源和软件资源。Windows 7 中通过资源管理器实现对资源的管理。

- 右击「开始」按钮，在上拉列表中单击"打开 Windows 资源管理器"，弹出"资源管理器"窗口，如图 2-21 所示。

图　2-21

- 依次单击「开始」→"所有程序"→"附件"→"Windows 资源管理器"，也可以启动资源管理器。

程序和数据是计算机的软件资源，它们以文件的形式存储在计算机外部存储器上。计算机使用过程中，多数情况是操作各种类型的文件。计算机中存储的文件可达几十万个，对文件的管理非常重要。

2.3.1　文件和文件夹

1. 文件命名

Windows 规定文件名长度最多不得超过 256 个字符。通常，文件名是由字母、数字、分隔符组成的字符串，字母不区分大小写。文件名由文件主名和扩展名组成，中间用点号（.）分开。文件主名用于区分文件，文件扩展名用于说明文件类型，如图 2-22 所示。

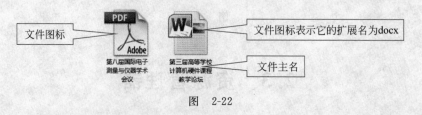

图　2-22

默认情况下，Windows 7 中文件类型用图标表示。如果系统不能识别某个文件，资源管理器就显示它的扩展名以说明文件类型。

2. 文件属性

选中文件,右击鼠标,弹出快捷菜单,单击"属性"命令项,打开"属性"对话框,如图 2-23 所示。

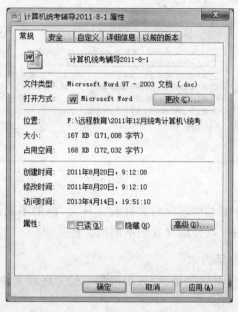

图　2-23

- 文件基本属性包括文件名、文件大小、文件创建时间、修改时间、文件所有者;
- 文件类型属性包括普通文件、目录文件、系统文件、设备文件等;
- 文件保护属性包括只读、可修改、隐藏等。

3. 文件夹

计算机上文件的数量巨大,按照一定的原则将它们分别放进不同的文件夹中进行分类管理,如图片文件夹、音乐文件夹和"太极拳"文件夹等,如图 2-24 所示。

| 梦 | 神经元 | 书稿 | 太极拳 | 示例图片 | 新建文件夹 |

图　2-24

文件夹中可以存放各种类型的文件,如 Word 应用程序、图片文件、音乐文件等,也可以存放文件夹,文件夹中还可以再存放文件夹,如此下去构成多级结构,通常称这种文件的管理结构为树形结构。

为了浏览文件,Windows 为每一级文件夹中的文件建立目录,称为文件目录。所以树形结构的文件管理也称为多级目录管理。

计算机中的每一个文件都存在一系列特定的文件夹中。查找文件需要逐级打开文件夹,这一系列打开的文件夹称为文件的路径,如图 2-25 所示。

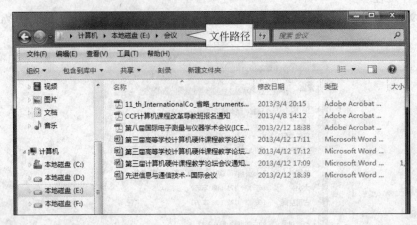

图　2-25

　　同一文件夹中不能存放相同名称的文件或文件夹,例如不能出现两个名为"背影"的 Word 2010 文档。但它们可以分别存放到不同的文件夹中。

4. 文件和文件夹的显示方式

　　双击一个磁盘,可以打开这个磁盘,显示磁盘中的文件和文件夹;双击文件夹,可以打开这个文件夹,如图 2-26 所示。

图　2-26

　　(1) 在地址栏中,单击▶弹出下拉列表,显示这一级中含有的文件夹,如图 2-27 所示,选中其中的某个文件夹可以打开它。
　　(2) 文件属性。在工作区中,限于窗口的大小,不能完全显示文件的属性,单击"名

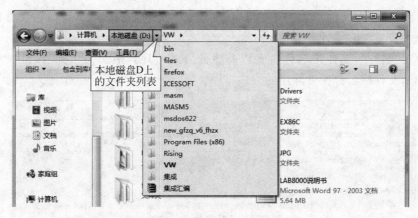

图 2-27

称"旁边的小三角钮,弹出下拉列表,如图 2-28 所示,通过勾选,选择显示在工作区的文件属性,也可以设置各个属性列的显示宽度。

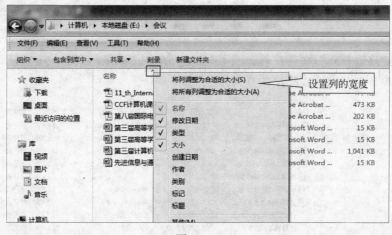

图 2-28

(3)显示方式。文件和文件夹的显示方式有 8 种。单击"更改您的视图"按钮,弹出的列表有 8 种视图方式可以选择,如图 2-29 所示。

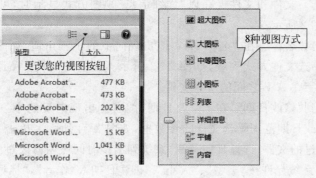

图 2-29

（4）文件排序。文件和文件夹在以"详细信息"视图方式显示时，可以按文件属性，如名称、修改日期、类型、大小等排序。

- 单击"名称"，文件按名称拼音以升序的方式排序，如图 2-30 所示，再次单击"名称"，文件按名称拼音降序的方式排序。

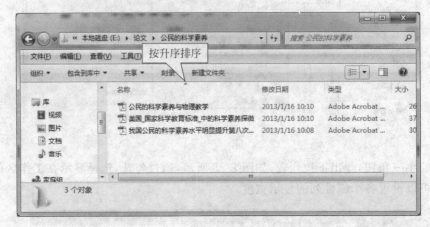

图　2-30

- 单击"修改日期"，文件按修改日期以升序的方式排序，如图 2-31 所示，再次单击"修改日期"，文件按降序的方式排序。

图　2-31

（5）文件筛选。文件和文件夹在以"详细信息"视图方式显示时，可以有多种筛选文件的方法，如图 2-32 所示。

- 鼠标滑动到"名称"，在"名称"的右侧出现向下的小三角钮，如图 2-32 所示，单击它，弹出筛选文件方式列表，如图 2-33 所示。如勾选"拼音 A-F"，系统列出文件名第一个字在 A-F 之间的所有文件。
- 鼠标滑动到"修改日期"，在"修改日期"的右侧出现向下的小三角钮，单击它，弹出按日期或日期范围筛选文件的参数框，如图 2-34 所示。单击某日期，系统列出该日修改过的文件；选择日期范围，系统列出该时间段内修改过的文件。

同样的方式，系统允许按"类型"、"大小"、"创建日期"、"作者"、"标记"、"标题"等筛选文件。

图 2-32

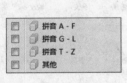

图 2-33

图 2-34

- 取消筛选,在地址栏中,单击上一级文件夹,取消所有筛选。例如,在图 2-35 中,单击"信息素养与计算思维"取消在这个文件夹里做的筛选。

图 2-35

5. 选中文件或文件夹

对文件或文件夹可以进行移动、复制或删除等操作,在操作之前,先选择文件或文件夹。

(1) 选中单个文件或文件夹

单击文件或文件夹,就选中该文件或文件夹,以淡蓝色底纹强调已被选中。

（2）选中全部文件或文件夹

- 在资源管理器中，单击"组织"命令，在弹出的下拉列表命令中单击"全选"命令，工作区中的文件和文件夹全部选中。
- 在资源管理器中，同时按 Ctrl＋A 键，工作区中的文件和文件夹全部选中。

（3）选中相邻的文件或文件夹

- 在资源管理器的中，将鼠标移动到要选中范围的一角，按下鼠标左键拖动，出现一个浅蓝色的矩形框，框中的文件和文件夹全部选中。
- 在资源管理器中，单击第一个文件或文件夹，按下 Shift 键，再单击最后一个文件或文件夹，出现一个浅蓝色的矩形框，框中的文件和文件夹全部选中，如图 2-36 所示。

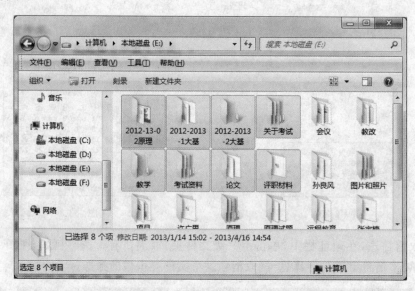

图　2-36

（4）选中多个不相邻的文件和文件夹

首先选中一个文件或文件夹，按下 Ctrl 键不放，再选择其他文件或文件夹。

2.3.2　文件和文件夹的基本操作

针对文件和文件夹的基本操作包括新建、重命名、移动、复制与删除等。

1. 新建文件

新建文件有两种方式：一种是使用快捷菜单，另一种是在应用程序中新建文件。如在文件夹"刘洋"中新建"春天.txt"文本文件。

（1）使用快捷菜单新建文件。

- 打开"刘洋"文件夹，在文件夹中的空白处右击，弹出快捷菜单，选择"新建"命令，出现可以新建的文件列表，如图 2-37 所示。可以新建文件夹、某个对象的快捷方式、Word 文档、演示文稿等。

计算机应用基础

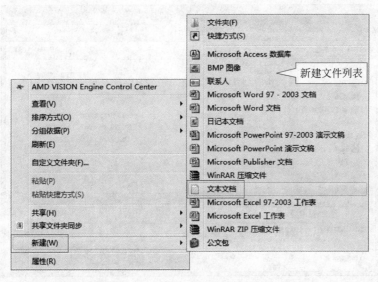

图　2-37

- 单击"文本文档"命令,在文件夹的窗口中出现一个待命名的新文件,输入"春天",如图 2-38 所示。

(2) 在应用程序中新建文件

- 单击「开始」按钮,在"所有程序"的"附件"中找到"记事本"命令,启动记事本应用程序,如图 2-39 所示。

图　2-38

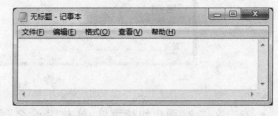

图　2-39

- 单击"文件"菜单→"保存"命令,弹出"另存为"对话框。地址栏中出现默认的文件存储路径,如图 2-40 所示。修改路径打开"刘洋"文件夹。在"文件名"文本框中输入"春天",单击"保存"按钮。

2. 新建文件夹

新建文件夹有两种方式:一种是通过快捷菜单,过程与新建文件相似;另一种是在资源管理器的窗口中,利用工具栏上的"新建文件夹"命令,如图 2-41 所示。

- 打开"刘洋"文件夹,单击工具栏上的"新建文件夹"命令,窗口工作区出现一个待命名的新文件夹,输入"文章",建立名为"文章"的新文件夹。

3. 重命名文件或文件夹

文件和文件夹的重命名操作过程一样。

图 2-40

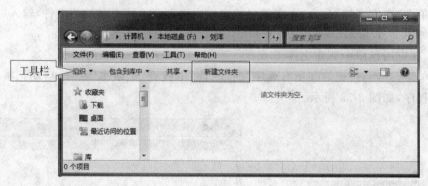

图 2-41

- 右击文件夹,弹出快捷菜单,单击"重命名"命令,如图 2-42 所示,文件夹的名字处于编辑状态,输入新名字。

4. 查看文件和文件夹的属性

查看文件和文件夹属性的操作过程一样。

图 2-42

- 右击文件或文件夹,弹出快捷菜单,单击"属性"命令,弹出以文件或文件夹名为标题的对话框,如图 2-43 和图 2-44 所示。

文件属性对话框与文件夹属性对话框不同。文件属性对话框包含 4 个选项卡,默认打开第一张"常规"选项卡,选项卡上说明文件的类型、打开方式、存储位置、文件大小、在磁盘上占用的空间、创建时间、修改时间、访问时间、文件属性(只读、隐藏)。

文件属性可以勾选设置。两个属性都没有勾选,说明文件可读、可写、没有隐藏。

在文件夹属性对话框中文件夹属性也可以勾选设置。另外,单击"共享"选项卡标签,为文件夹设置共享参数;单击"自定义"选项卡标签,可以设置在文件夹图标上显示的文件、更改文件夹图标等。

文件属性对话框

图 2-43

文件夹属性对话框

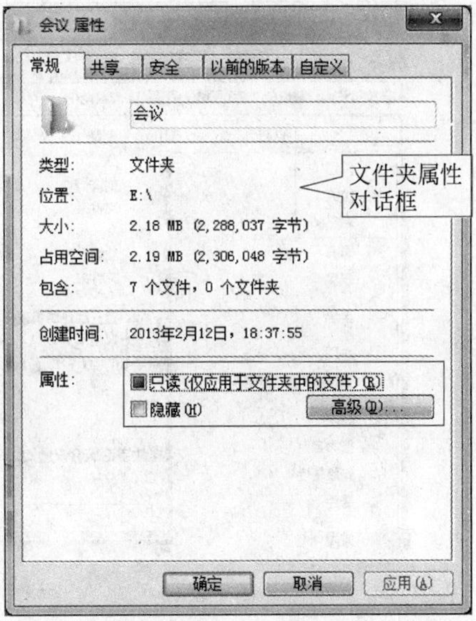

图 2-44

5. 显示隐藏的文件和文件夹

通过属性设置,可以隐藏文件或文件夹,通常隐藏的文件不显示。如果需要显示隐藏的文件,必须对文件夹选项进行设置。

- 单击资源管理器窗口菜单栏上的"工具"菜单,在下拉列表命令中单击"文件夹选项",弹出"文件夹选项"对话框,如图 2-45所示。
- 单击"查看"选项卡标签,在高级设置区域中有"隐藏文件和文件夹"项,含有两个单选钮,默认的设置是选择"不显示隐藏的文件、文件夹或驱动器"。
- 单击"显示隐藏的文件、文件夹和驱动器",单击"确定"。

设置完成后,资源管理器上所有隐藏的文件、文件夹或驱动器都以半透明的方式显示出来。

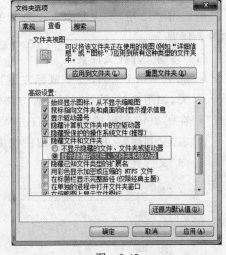

图 2-45

单击资源管理器窗口上的"组织"命令,在下拉列表命令中单击"文件夹和搜索选项",也可以弹出"文件夹选项"对话框。

6. 移动和复制文件或文件夹

移到和复制操作可以使用鼠标拖动,也可以使用资源管理器窗口中"编辑"菜单下的"剪切"、"复制"、"粘贴"命令。"组织"命令的下拉列表中也含有这三个命令,如图 2-46 所示,右击文件或文件夹弹出的快捷菜单中也含有这三个命令,如图 2-47 所示。

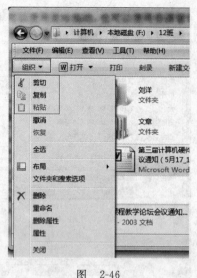

图 2-46

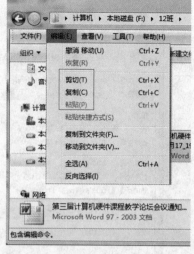

图 2-47

Windows 系统中有一块剪贴板,"剪切"命令将对象剪下贴到剪贴板上,对象从原来位置上消失。"复制"命令将对象复制到剪贴板上,原来位置上的对象还存在。使用"粘贴"命令,剪贴板上的对象可以随意粘贴在任何位置,如桌面、库、磁盘等。

- "剪切"和"粘贴"命令配合使用,将对象移动到新位置。
- "复制"和"粘贴"命令配合使用,将对象复制到新位置。

例如,在"12 班"文件夹中含有两个文件夹:"刘洋"和"文章",还有一个 Word 文档,如图 2-48 所示。

（1）移动文件或文件夹

- 选中 Word 文档,按下鼠标左键拖动到"刘洋"文件夹中。原来位置上的文件消失,如图 2-49 所示。用这种方法也可以移动文件夹。
- 在图 2-48 所示的状态下,右击 Word 文档,在弹出的快捷菜单中单击"剪贴"命令,右击"刘洋"文件夹,在弹出的快捷菜单中单击"粘贴"命令,Word 文档移动到"刘洋"文件夹中。

图 2-48

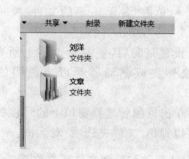

图 2-49

（2）复制文件或文件夹

- 在图 2-48 所示的状态下,单击 Word 文档,按下 Ctrl 键不放,再按下鼠标左键拖动 Word 文档,这时移动的影像中有一个十号,表示复制。拖动到"刘洋"文件夹中,松开鼠标后,再松开 Ctrl 键,Word 文档就复制到"刘洋"文件夹中,原来位置上的文件还在。用这种方式也可以复制文件夹,也可以在同一个文件夹中拖动复制文件,这时系统自动给文件名添加后缀"副本",如图 2-50 所示。

- 在图 2-48 所示的状态下,右击 Word 文档,在弹出的快捷菜单中单击"复制"命令,右击"刘洋"文件夹,在弹出的快捷菜单中单击"粘贴"命令,Word 文档复制到"刘洋"文件夹中。

图 2-50

7. 删除与恢复文件和文件夹

(1) 删除文件和文件夹。删除文件和文件夹有多种方法。

- 选择文件,右击,弹出快捷菜单,单击"删除",弹出删除文件确认对话框,单击"是",文件被删除进入回收站。
- 选择文件,按 Delete 键,弹出删除文件确认对话框,单击"是",文件被删除进入回收站。

文件夹的删除过程与此相同。这种方式删除的文件和文件夹相当于暂时寄放在回收站,可以恢复。

(2) 恢复文件和文件夹。在桌面上双击"回收站"图标,打开回收站窗口,如图 2-51 所示,在工作区中选择要恢复的文件,单击工具栏上的"还原此项目",文件被恢复到它原来的位置。

图 2-51

(3) 彻底删除文件和文件夹。

- 先按下 Shift 键,再单击"删除"命令或按 Delete 键,弹出"删除文件"对话框,如图 2-52 所示,询问"确实要永久性地删除此文件吗?",单击"是"按钮,文件永久删除。

图　2-52

- 右击"回收站",在快捷菜单中单击"清空回收站",回收站内的文件和文件夹都被彻底删除。在回收站窗口中的工具栏上,也可以找到"清空回收站"命令。

2.3.3　搜索文件和文件夹

　　计算机存储的文件数量巨大,为找到一个文件或文件夹,搜索文件或文件夹是经常使用的操作。"文件夹选项"对话框里的"搜索"选项卡中有关于搜索操作的基本设置。

1. 使用「开始」菜单中的搜索命令

- 单击任务栏的「开始」按钮,在"搜索程序和文件"文本框中输入要查找的内容,可以是全部或部分文件或文件夹的名称,系统自动搜索,如图 2-53 所示。

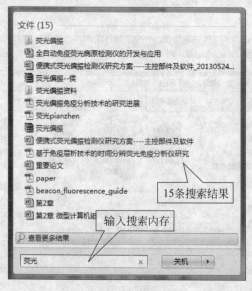

图　2-53

- 如果找不到,单击"查看更多结果",弹出搜索窗口,如图 2-54 所示。在搜索窗口中单击一个搜索范围,如计算机,系统重新开始在这个范围内搜索。

图　2-54

2. 使用资源管理器中的搜索栏

- 在资源管理器中，在搜索栏文本框中输入搜索的内容，系统进入搜索状态。如果找不到，"在以下内容中再次搜索"区域单击某一项，继续搜索，如图 2-55 所示。

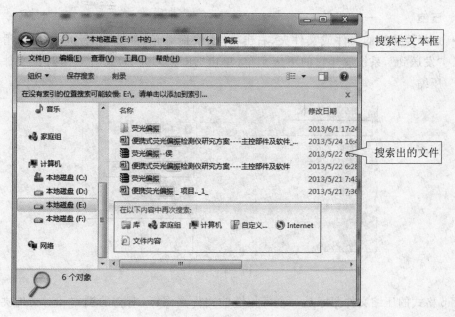

图　2-55

搜索内容的输入，可以使用符号 ＊ 和？，＊ 代表任何一个字符串，？ 代表任何一个字符。如输入"＊.jpg"，表示搜索扩展名为 jpg 的所有文件，如图 2-56 所示。

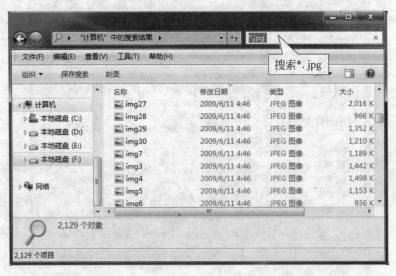

图　2-56

2.3.4　压缩与解压缩文件或文件夹

Windows 7 系统支持 Zip 压缩，用户不需要再安装第三方压缩和解压缩工具，如 WinZip 或者 WinRAR，就可以压缩或者解压缩 Zip 格式的文件。

1. 压缩
* 选择要压缩的文件或文件夹，右击，弹出快捷菜单，如图 2-57 所示，鼠标滑动到"发送到"，系统展开它的下级菜单，单击"压缩（zipped）文件夹"，对该文件进行压缩。

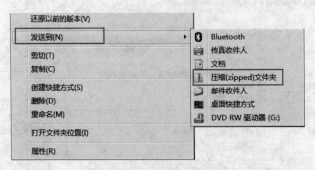

图　2-57

Zip 格式的压缩文件图标是一个带拉链的文件夹图标，对它的操作和对文件夹的操作非常类似。双击 Zip 文件即可查看其中的内容，可以移动、复制其他文件到 Zip 文件中,这些文件将自动压缩。

2. 解压缩

- 右击压缩文件,在弹出的快捷菜单中单击"全部提取"命令,输入文件解压缩后存放的路径,单击"提取",对文件进行解压,并形成解压文件夹。

2.3.5 库

"库"是 Windows 7 的一个亮点,为用户管理自己的文件提供了一个虚拟视图方式。用户可以将存储在不同磁盘上的文件夹添加到库中,甚至可以将不同计算机上的文件夹添加到库中,使用户可以在一个视图中管理分散在不同位置上的文件夹。"库"类似于 Windows XP 上"我的文档"。

"库"是文件夹,是大多数应用程序默认的文件保存和打开的路径。系统默认提供了 4 个库:视频、图片、文档和音乐,如图 2-58 所示。

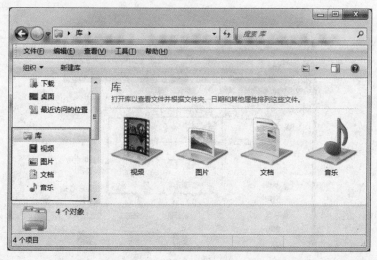

图 2-58

1. 添加文件夹

例如,将本地磁盘(F:)中的"计算机历史"文件夹添加到"文档"库中,有两种方法:

- 选中"计算机历史"文件夹,右击,弹出快捷菜单,选择"包含到库中",在下一级菜单中单击"文档","计算机历史"文件夹就包含到文档库中,如图 2-59 所示。
- 选中"计算机历史"文件夹,单击"工具栏"中的"包含到库中"命令,在下拉列表中单击"文档","计算机历史"文件夹就包含到文档库中,如图 2-60 所示。

2. 删除文件夹

打开资源管理器,单击"文档库",在工作区的标题"文档库"的旁边标有"3 个位置",说明目前文档库中含有来自 3 个文件夹的内容。

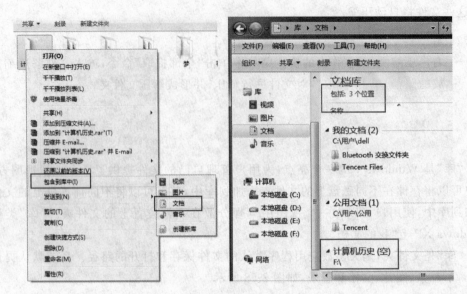

图 2-59

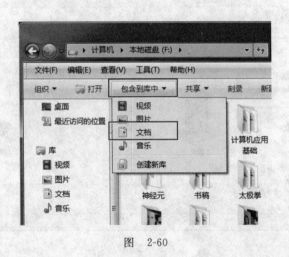

图 2-60

- 单击"3个位置",弹出对话框。选中要删除的文件夹,单击"删除"按钮,单击"确定"按钮,文件夹被从库中删除,如图2-61所示。

3. 新建库

- 在资源管理器中,单击"库",在工作区中空白位置右击,在弹出的快捷菜单中选择"新建",在下一级菜单中单击"库",这时会出现一个待命名的新库,如图2-62所示,输入库名就建立了一个新库。

- 在文件夹的快捷菜单中,选择"包含到库中",在下一级菜单中单击"创建新库",系统就以文件夹的名称为库名,创建一个新库,并将文件夹包含到库中。

- 删除库与删除文件夹的操作一样。

图 2-61

图 2-62

2.4 Windows 7 的个性化设置

Windows 7 操作系统是我们的办公桌,安装操作系统时各项设置都有一个默认值,用户可以改变这些设置,称为个性化设置。设计一个赏心悦目、符合自己使用习惯的办公桌是一件令人愉快的工作。控制面板中"外观和个性化"类列包含 3 个方面:更改主题、更改桌面背景和调整屏幕分辨率,如图 2-63 所示。

2.4.1 设置桌面主题

Windows 7 中提供了多种个性化的桌面背景方案,这些方案围绕某个主题由许多精美的图片组成。设置桌面背景就是选择某个主题方案。用户也可以用自己的图片作为桌面背景。采用 Windows 7 的主题方案,不但更改桌面背景,而且 Windows 7 中打开的窗口颜色搭配、提示音、屏幕保护程序等都随之变化,构成一个协调的整体。

- 在控制面板中,单击"外观和个性化"中的"更改主题",弹出个性化设置窗口。
- 在桌面空白处右击,在弹出的快捷菜单中单击"个性化",打开个性化设置窗口,如图 2-64 所示。

在"更改计算机上的视觉效果和声音"区域,含有几个"主题",滑动滑块可以查看每一个主题。每一个主题包含 4 个方面:桌面背景、窗口颜色、声音、屏幕保护程序。Windows 7 对主题进行了符合多数人审美观念的设置,并且考虑到不同国家民族的特色。

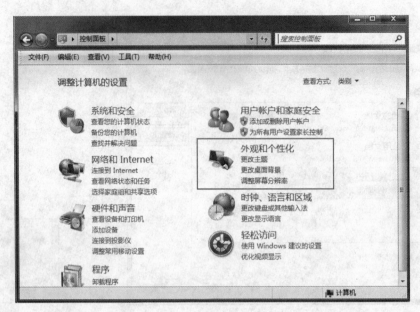

图 2-63

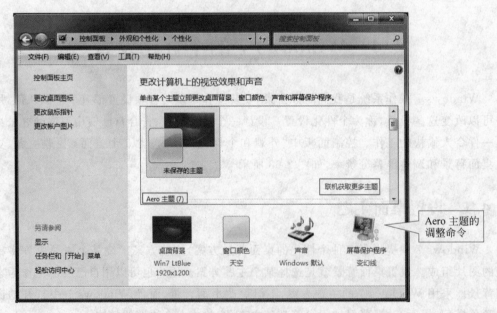

图 2-64

Aero 主题(7)是专为中国人设置的主题组合,用户可以选择其中一款自己喜欢的组合作为桌面背景,图 2-65 所示的是"风景"组合。

选择了 Windows 7 的某个主题,也可以通过下方的桌面背景、窗口颜色、声音、屏幕保护程序等命令按钮对设置进行调整。也可以单击"联机获取更多主题",如图 2-64 所示。

Aero主题的
风景组合桌
面效果

图 2-65

1. 更改桌面图标

- 在"个性化"窗口的左侧,单击"更改桌面图标",弹出对话框,如图 2-66 所示,勾选希望在桌面上显示的图标,单击"确定"按钮。

图 2-66

2. 排列桌面图标

- 在桌面空白处右击,在弹出的快捷菜单中选择排列方式。桌面图标可以按名称、大小、项目类型和修改日期进行排列,如图 2-67 所示。

3. 在桌面上添加快捷方式

Windows 7 中可以对文件、文件夹、应用程序等对象在桌面设置快捷方式。快捷方式图标上有一个弯形的箭头做标志,如图 2-68 所示。

- 选中操作对象,右击鼠标弹出快捷菜单,选择"发送到",在它的下一级菜单中单击"桌面快捷方式",如图 2-69 所示。

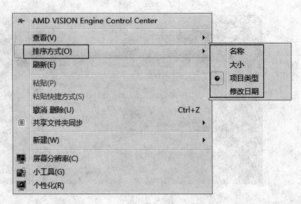

图 2-67

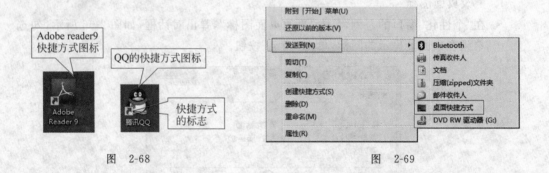

图 2-68

图 2-69

4. 更改鼠标指针

- 在"个性化"窗口的左侧,单击"更改鼠标指针",弹出对话框,如图 2-70 所示,选择"指针"选项卡,设置指针的外观。

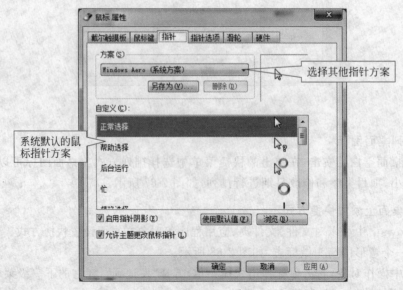

图 2-70

• 单击"方案"的小三角,弹出下拉列表,选择其他的鼠标指针方案。

在"鼠标属性"对话框中,单击"鼠标键"选项卡标签,可以设置鼠标的左右键的功能、调整双击速度等;"指针选项"选项卡,可以设置指针的移动速度、指针轨迹等;"滑轮"选项卡,可以设置滑轮在垂直和水平方向上一次滚动的行数。

2.4.2　设置桌面背景

在 Windows 7 个性化窗口中,单击"桌面背景",弹出"桌面背景"窗口,如图 2-71 所示。单击"图片位置"右端的小三角,在弹出的下拉列表中选择桌面背景的来源,如图 2-72 所示。

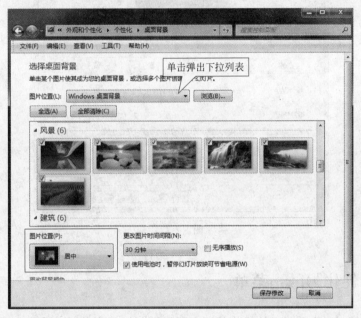

图　2-71

• 比如,选择的背景在"图片库"中,单击"图片库",系统列出图片库中存储的图片。单击旁边的"浏览"按钮,弹出对话框,可以查找自己喜欢的图片做背景。

• 在桌面背景窗口的下部,单击"图片位置(P)"旁边的小三角,在弹出的下拉列表中列出 5 种显示图片的方式:填充、适应、拉伸、平铺和居中,单击选择其中一种。

• 设置"更改图片时间间隔"。桌面背景设置完成。

图　2-72

2.4.3　设置屏幕保护

在 Windows 7 个性化窗口中,单击"屏幕保护程序",弹出"屏幕保护程序设置"对话框,如图 2-73 所示。单击"屏幕保护程序"的小三角钮,弹出屏幕保护程序下拉列表,选择一款,单击"设置"按钮,设置参数,有些程序无需设置参数。单击"预览"可以查看屏幕保护显示效果;通过"等待"微调框可以设置启动屏幕保护的等待时间。"在恢复时显示登录屏幕"复选框用于选择退出屏幕保护时是否进入登录屏幕,即需要重新登录才能进入系统。

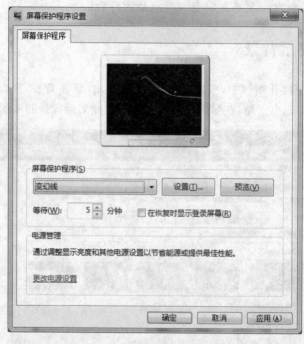

图 2-73

2.4.4 个性化「开始」菜单

Windows 7 中,几乎所有的操作都可以通过「开始」菜单实现。「开始」菜单是彰显个性的标志性项目,用户可以设置一个符合自己使用习惯的「开始」菜单。

1.「开始」菜单属性设置
- 在「开始」按钮上右击,弹出快捷菜单,单击"属性",弹出"任务栏和「开始」菜单属性"对话框,如图 2-74 所示。
- 单击"「开始」菜单"选项卡标签,单击"自定义"按钮,弹出"自定义「开始」菜单"对话框,如图 2-75 所示。在对话框中对「开始」菜单的各个选项进行设置。
  - 例如对"计算机"的设置:选择"显示为菜单",将使命令包含的操作以菜单的形式出现,如图 2-76 所示;选择"显示为链接",将弹出命令窗口,这是默认设置。
  - 设置「开始」菜单大小。最近打开过的程序数目默认为 10 个,可以增减;在跳转列表中,最近使用的项目数默认为 10 个,可以增减。

2. "固定程序"列表
在「开始」菜单中通常会列出最近使用过的程序,将经常使用的程序添加到固定程序列表中,或锁定在任务栏上,使我们可以快速启动应用程序。

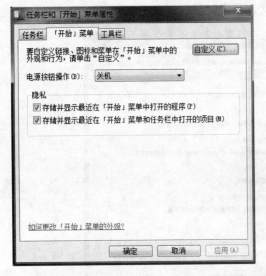

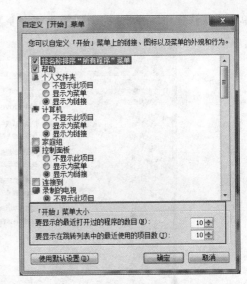

图 2-74   图 2-75

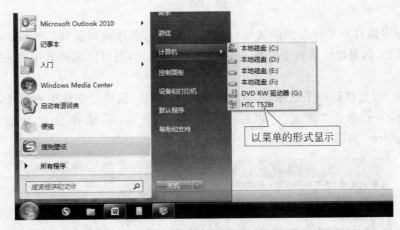

图 2-76

- 在「开始」菜单中,选中经常使用的应用程序,右击,在弹出的快捷菜单中单击"附到「开始」菜单"。应用程序被添加到固定程序列表中。单击"锁定到任务栏",应用程序锁定到任务栏上,如图 2-77 所示。

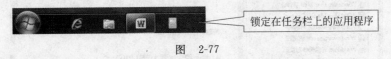

图 2-77

- 固定程序列表中的应用程序不再经常使用时,可以从列表中删除。右击应用程序,在弹出的快捷菜单中单击"从「开始」菜单解锁"。

3. 设置默认程序

「开始」菜单的右半边窗格是"启动"菜单,其中包含经常使用的部分 Windows 功能。

单击"默认程序",弹出"控制面板▶程序▶默认程序"窗口,如图 2-78 所示。

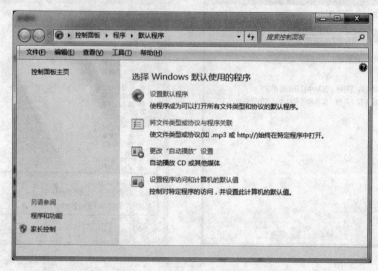

图　2-78

默认程序是打开某种类型的文件(例如音乐文件、图像或网页)时 Windows 所使用的程序。例如,如果在计算机上安装了多个 Web 浏览器,则可以选择其中之一作为默认浏览器。

- 单击"设置默认程序",弹出"设置默认程序"窗口,选择经常使用的程序,如 Sogou Explorer,单击"确定"。以后每次该用户登录,系统都会自动启动 Sogou Explorer,如图 2-79 所示。

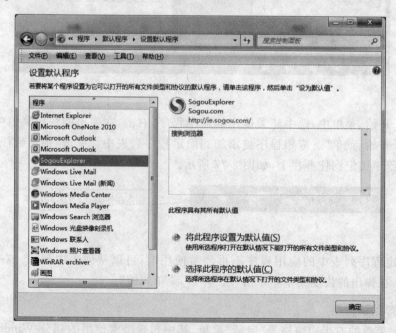

图　2-79

在图 2-78"默认程序"窗口中，单击"设置程序访问和计算机默认值"，弹出"设置程序访问和此计算机的默认值"对话框，可以设置计算机的某种操作使用的默认程序。例如指定 Windows 用于浏览 Web 和发送电子邮件等常见活动的默认程序，也可以指定从「开始」菜单、桌面或其他位置打开的程序。

2.4.5 个性化任务栏

在任务栏的空白处右击，从弹出的快捷菜单中选择"属性"，弹出"任务栏和「开始」菜单属性"对话框，如图 2-80 所示。单击"任务栏"选项卡标签。

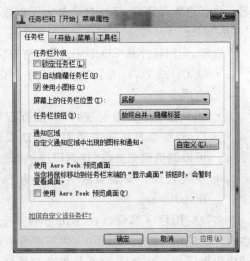

- 勾选"锁定任务栏"，使任务栏不能随意拖曳。
- 勾选"自动隐藏任务栏"，任务栏将自动隐藏。这种设置下，在桌面上将鼠标滑动到屏幕下方，被隐藏的任务栏会自动显示出来。
- 勾选"使用小图标"，任务栏上的图标变成小图标模式。
- "屏幕上的任务栏位置"含有下拉列表，可以选择把任务栏设置在底部、左侧、右侧和顶部。
- "任务栏按钮"可以合并、隐藏标签，也可以选择"从不合并"。

图 2-80

- 在"通知"区域中，单击"自定义"弹出对话框，从中可以设置在任务栏上的通知区域出现的图标和通知。
- 勾选"使用 Aero Peek 预览桌面"，当鼠标移动到"显示桌面"按钮时，可以暂时查看桌面。

2.5 Windows 7 管理软、硬件

计算机由硬件系统和软件系统组成，通过硬件与软件的协调工作完成各种功能。计算机硬件是计算机中可以看到和触摸到的部件，如主机箱内的中央处理单元（CPU）、内存条、显卡、网卡等，主机箱外的显示器、键盘、鼠标、打印机等通常称为计算机外部设备。软件系统分为系统软件和应用软件。如负责管理维护计算机的 Windows 7 操作系统、病毒防御软件等都是系统软件。而完成特定功能的 Office 系列软件、QQ 聊天软件、游戏软件等都属于应用软件，它们使计算机成为我们的一个灵活实用的工具。

2.5.1　软件的安装与卸载

软件大致可以分为两种：绿色软件和常规软件。绿色软件不需要安装，就可以在 Windows 7 上运行。常规软件需要进行安装，软件的安装程序可能会向 Windows 7 中受保护的文件夹中写入文件，或者向注册表写入键值，因此安装软件时需要 Windows 7 系统管理员密码。

1. 应用软件的安装

Windows 7 具有对安装程序自动检测功能，可以识别 Install、Setup、Update 等文件名。执行这类程序时，系统自动弹出用户账户控制对话框，需要输入管理员密码，然后单击"是"。

通常，应用程序从 CD、DVD 或网络安装。

- 从 CD 或 DVD 安装的应用程序会自动启动程序安装向导，根据向导提示就可以完成安装。

- 如果程序不开始安装，可以检查程序附带的信息，这些信息可能说明如何手动安装程序。也可以浏览整张光盘，找到程序的安装文件，运行安装程序。安装文件名通常为 Setup.exe 或 Install.exe。

多数应用程序都可以在 Windows 7 上安装运行，也有一些应用程序与 Windows 7 不兼容。用户可以启动应用程序兼容性向导，使系统把兼容性设置应用到特定的旧版程序上。

- 打开控制面板，单击"程序"选项，如图 2-81 所示。单击"运行为以前版本的 Windows 编写的程序"，如图 2-82 所示。打开"程序兼容性"对话框，按照提示安装应用程序。

图　2-81

2. 软件的卸载

单击控制面板上"程序"项下的"卸载程序"，弹出"程序和功能"窗口，如图 2-83 所示，可以在此卸载或更改程序。

- 单击要卸载的程序，在工具栏上出现卸载命令，单击"卸载"按钮。

2.5.2　管理硬件

计算机的硬件是计算机运行的基础。硬件设备种类繁杂，大概可以分为两类："即插即用"设备和"非即插即用"设备。设备管理器是管理计算机硬件的模块，使用它可以查看计算机中已安装的设备是否正常工作、修改硬件设置、扫描新设备、查看设备驱动程序的

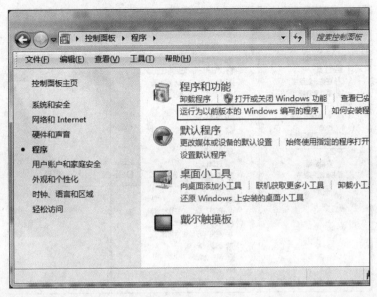

图　2-82

图　2-83

安装情况。

1. 设备管理器

- 单击「开始」按钮，右击"计算机"弹出快捷菜单，单击"管理"弹出"计算机管理"窗口，如图 2-84 所示，在右侧的导航窗格中，单击"设备管理器"。

设备管理器按照类型显示所有设备。单击设备类型前面的小三角，展开这类设备目前安装的详细设备清单。右击清单中的设备，弹出快捷菜单，其中包括：更新设备驱动程序、禁用或卸载该设备、扫描检测设备的改动、查看设备"属性"等项目，如图 2-85 所示。

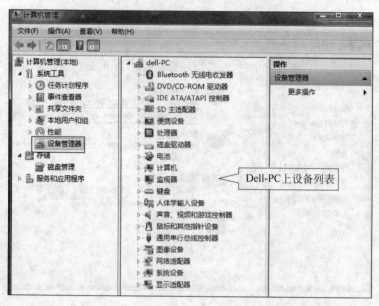

图 2-84

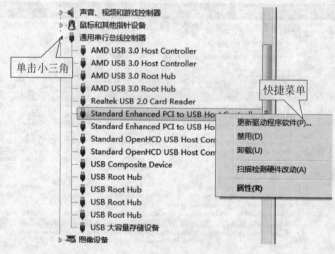

图 2-85

如果设备出现故障不能正常工作,计算机不能识别该设备,设备管理器中就会有一个带有?的"其他设备"类别,双击该类别下有带有感叹号的设备,弹出设备属性对话框,从中可以查看设备状态、设备的驱动程序、设备占用的资源等详细信息。

2. 禁止使用移动存储设备

使用越来越广泛的移动存储设备是计算机病毒传播的主要途径之一,限制使用移动存储设备是防范病毒传播的一个有效方法。Windows 7专业版、企业版和旗舰版都带有组策略功能,可以限制可移动存储设备的读写操作。

2.5.3 管理 Windows 7 的用户

Windows 7 是一个多用户的操作系统，系统默认自动创建两个内置账户 Administrator(管理员账户)和 Guest(来宾账户)。Windows 7 中通常设置有 3 种用户账户：管理员、标准用户和来宾账户。

- 管理员账户拥有对整个计算机的控制权，可以执行任何操作。创建和删除用户账户必须在管理员账户下进行。
- 标准用户拥有个人账户文件夹，可以运行大多数程序，可以对系统进行一些常规操作，这些操作只影响用户自己，不会影响其他用户。标准账户是受限账户。
- 来宾账户(Guest)，没有个人账户文件夹，不能进行软件和硬件的安装或卸载，它主要供在这台计算机上没有账户的人员临时使用。

在控制面板中，单击"用户账户和家庭安全"类别，弹出窗口，如图 2-86 所示，在此对用户账户进行管理配置。

图 2-86

1. 创建新账户

- 单击"添加或删除用户账户"，弹出管理账户窗口，如图 2-87 所示，单击"创建一个新账户"，弹出"创建新账户"窗口，如图 2-88 所示，按提示输入新账户名称，该名称将出现在欢迎屏幕和「开始」菜单上。
- 选择账户类型。有两种账户类型可以选择：标准用户和管理员。
- 单击"创建账户"按钮，新账户创建成功。

2. 更改账户设置

在控制面板中，单击"用户账户和家庭安全"→"用户账户"，弹出窗口，如图 2-89 所示。

- 单击"更改密码"，在弹出的新窗口中按照提示输入当前密码、新密码、确认新密码，单击"更改密码"按钮，新密码设置完成。

图　2-87

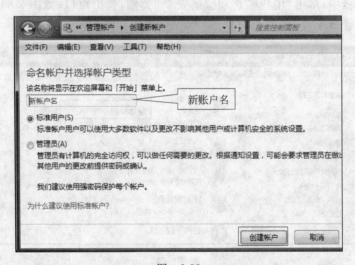

图　2-88

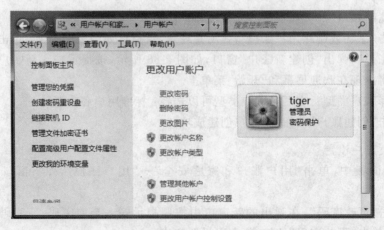

图　2-89

- 单击"删除密码",在弹出的新窗口中输入"当前密码",单击"删除密码"按钮,账户密码删除完成。
- 单击"更改图片",在弹出的新窗口中选择一款中意的小图片,单击"更改图片"按钮,完成更换账户图片。

在"用户账户"窗口中,还可以更改账户名称、账户类型。单击"管理其他账户",可以同样设置其他账户的密码、图片、名称和账户类型。

3. 删除用户账户

在控制面板中,单击"用户账户和家庭安全"→"添加或删除用户账户",在弹出的新窗口中单击要删除的用户账户图标,弹出新窗口如图 2-90 所示,单击"删除账户"。

图 2-90

注意,在管理员的账户里可以删除其他账户,不能在自己的账户里试图删除自己。

2.6 输 入 法

在计算机中输入汉字,需要使用汉字输入法。汉字输入法的种类很多,常用的有微软拼音输入法、搜狗拼音输入法、五笔字型输入法等。这里以搜狗拼音输入法为例介绍汉字输入法。

1. 语言栏

语言栏通常位于任务栏的右端,紧邻通知区域,可以在桌面上任意移动,如图 2-91 所示。通过语言栏可以进行添加删除输入法、切换中英文输入法、切换中文输入法、设置默认输入法等操作。

- 切换文本服务:单击它,在系统已安装的文本服务语言之间进行切换,例如英语、俄语、中文、阿尔巴尼亚语等。
- 切换中英文输入法:在已安装的中文服务中切换键盘的使用方式。单击,弹出列表,如果选择"中文(简体)—美式键盘"表项,将输入英文;选择其他表项,将输入中文,即在中文输入法之间进行切换。

- 单击"选项"按钮,如图 2-91 所示,在弹出的列表中单击"设置",如图 2-92 所示,弹出"文本服务和输入语言"对话框,如图 2-93 所示,可以对文本服务语言和语言输入法进行设置。

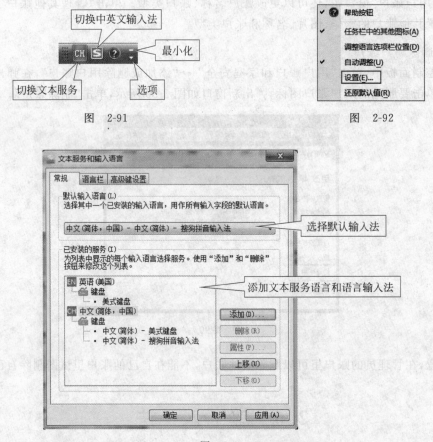

图 2-91

图 2-92

图 2-93

2. 添加中文输入法

- 在"文本服务和输入语言"对话框中选择"常规"选项卡,单击"添加"按钮,弹出"添加输入语言"对话框,如图 2-94 所示。框中包含按汉语拼音排序的世界各地的语言,向下拖动滑块,找到"中文(简体,中国)"。
- 单击前边的+号,展开列表,如图 2-95 所示。单击"键盘"前边的+号,会展现出多种中文输入法,勾选自己喜欢的输入法,这些输入法将同时出现在"常规"选项卡中"默认输入语言"的列表框里,如图 2-96(a)所示。
- 在"常规"选项卡中,单击"默认输入语言"列表框的小三角,弹出选择的输入法列表,如图 2-96(b)所示,单击一个输入法,如"搜狗拼音输入法",将其设为默认输入法。单击"确定"按钮,如图 2-97 所示。

图 2-94

图 2-95

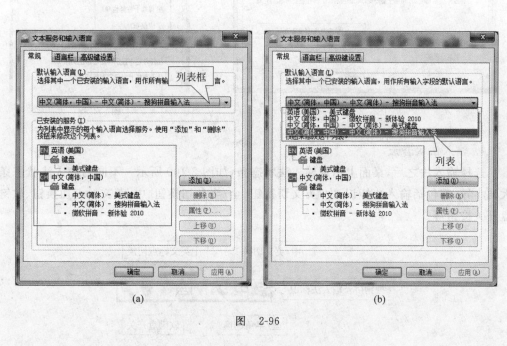

(a)　　　　　　　　　　　　(b)

图 2-96

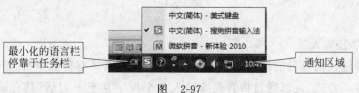

图 2-97

3. 隐藏/显示语言栏

- 在"文本服务和输入语言"对话框中选择"语言栏"选项卡,其中有三个单选钮,单击"隐藏",单击"确定"按钮。语言栏被隐藏。

- 显示语言栏。在语言栏处于隐藏状态时,要显示语言栏,需要在控制面板中单击 "时钟、语言和区域"类别,在弹出的窗口中单击"语言和区域",弹出"区域和语言" 对话框,如图 2-98 所示,选择"键盘和语言"选项卡,单击"更改键盘"按钮,弹出 "文本服务和输入语言"对话框,选择"语言栏"选项卡,单击"停靠于任务栏",再单 击"确定"按钮,如图 2-99 所示。语言栏显示在任务栏。

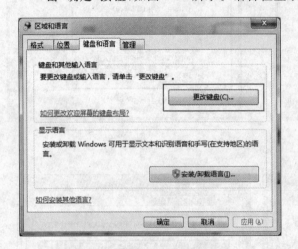

图 2-98

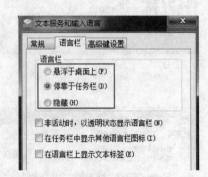

图 2-99

4. 输入法状态条

选择输入法之后,桌面上出现输入法状态条,如图 2-100 所示。不同的输入法状态条 大同小异,都包括输入法标识、中/英文切换钮、全/半角切换钮、中/英文标点切换钮、软键 盘开关按钮等。

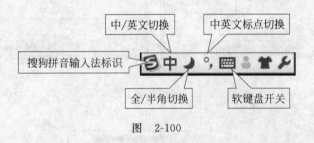

图 2-100

5. 搜狗拼音输入法

搜狗拼音输入法是目前使用最多最广泛的输入法,它具有智能全拼、智能简拼和智能 混拼等多种输入方式,可以通过拼音连续输入多个汉字甚至一句话,具有输入快捷、需记 忆的编码少等优点。

- 人名模式:智能输入几十亿中国人名。
- 英文网址:支持在中文输入模式下输入英文网址、邮箱地址等信息。
- 生僻字可以拆分输入:如焱,可以输入 huohuohuo,如图 2-101 所示。

- 集成更多功能：在快捷菜单中就可以完成更换皮肤、简繁切换、输入表情符号、中英文切换等多种实用功能，如图 2-102 所示。

图 2-101   图 2-102

搜狗拼音输入法在输入汉字时，拼音字母 ü 由 v 代替。例如输入"绿"时的拼音应该为 lv。如果在组字框中没有需要的字或词，可以按＋、－号显示其他同音字或词，也可以按 PageDown 键向后翻页，按 PageUp 键向前翻页，如图 2-103 所示。

图 2-103

（1）快捷键

鼠标移动到搜狗拼音输入法状态条的按钮位置，输入法提示按钮的功能和快捷键。

- 中/英文切换钮：Shift 键
- 全/半角切换钮：Shift＋Space 键
- 中/英文标点切换钮：Ctrl＋. 键
- 软键盘开关按钮：Ctrl＋Shift＋K 键

（2）特殊符号

单击软键盘按钮→特殊符号，弹出"搜狗拼音输入法快捷输入"对话框，可以一目了然地找到一些特殊符号，如图 2-104 所示。

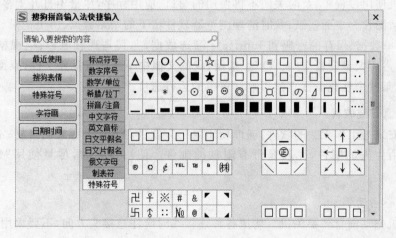

图 2-104

2.7 计算机安全与维护

计算机远不是一个安全的场所。计算机安全不是简单地安装一个防火墙或者查杀病毒就能保障的,它包括很多方面,如用户的安全防范意识。计算机组成的硬件随时可能会损坏,一次非正常的关机,就可能导致硬盘的某一簇损坏;电网中的一个浪涌,或者计算机不小心掉在地上,都可能导致计算机瘫痪;感染一次恶意病毒,你的数据就可能毁之殆尽。如果用户没有安全防范意识,无论系统有多么安全,有多少安全工具和防范措施,都会形同虚设。计算机安全包括网络安全、应用程序安全和数据安全,数据安全是根本。

2.7.1 计算机使用注意事项

1. 开机注意事项

先给外部设备加电,如打印机,再打开显示器、主机电源。网络接入设备的打开顺序应该先打开 AD 猫、再打开路由器。微型计算机尤其是笔记本,开机之前应该拔出数码相机、摄像机等设备,使用 U 口的打印机也应该拔出。

2. 关机注意事项

先关闭所有窗口,再依次单击「开始」→"关机",稍后,计算机电源指示灯灭,关机完成。不要直接按电源开关进行强制关机,强制关机容易造成系统崩溃,并且容易损坏硬盘。笔记本电脑要杜绝不关机,直接一合就放在包里带走,这样容易损坏硬盘和光驱。

3. 及时清理

及时清理 Outlook 中无用的邮件。长时间不清理,数据文件就会很大,Outlook 运行速度变慢,甚至整个计算机的速度都会变慢。

计算机使用过程中,及时关闭不再使用的窗口、应用程序,尽量不打开太多窗口;尽量不使用高清图片为桌面壁纸;及时清理浏览器软件留下的网站数据、历史记录、临时文件、Cookie、表单数据、保存的密码和 Inprivate 筛选数据,尤其是观看电影、电视剧的预加载文件,它们占用大量硬盘空间。C 盘、桌面、我的文档中不要放置重要文件;桌面上的文件不要太多,某些个性化设置直接影响计算机的运行速度。

4. 谨慎安装软件

不要安装与工作无关的软件;谨慎使用第三方软件对系统进行漏洞修复;不要随便接收和打开陌生人的邮件,尤其是带有附件的邮件。使用搜索时,尽量使用"快照"查看资料。

5. 小心搬动

计算机搬动前首先要关机。插拔各种连接线时应注意接头方向,不要太用力。

6. 防范病毒

安装防火墙,使用杀毒软件杀毒。定期对系统数据做备份。

2.7.2　文件备份与还原

　　确保计算机中的数据安全,定期对文件做备份是简单又有效的方法,可以避免重要文件的损坏或丢失。Windows 7 携带的备份工具,可以对文件进行备份与还原,也可以对操作系统进行备份与还原。

1. 文件备份

- 「开始」→"所有程序"→"维护"→"备份和还原"窗口。也可以通过控制面板打开"备份和还原"窗口,如图 2-105 所示。

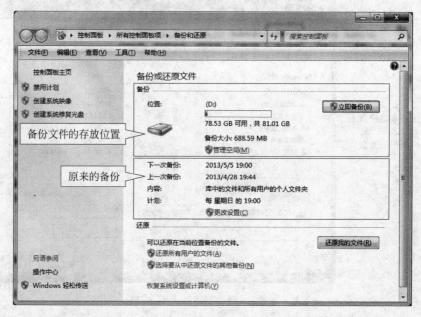

图　2-105

- 单击"立即备份",系统按照上次的备份方案备份。备份方案包括:备份文件的存放位置、备份的内容、定期做备份的日期和时间。
- 如果用户从未做过备份,窗口提示"尚未设置 Windows 备份",单击"设置备份"。弹出"设置备份"对话框,如图 2-106 所示。
- 稍后,对话框中出现"选择要保存备份的位置",并建议将备份保存在外部硬盘上。Windows 7 允许将文件备份到本地硬盘、光盘、移动硬盘、U 盘或网络上,如图 2-107 所示。单击"下一步"按钮。
- 弹出"您希望备份哪些内容",选择"让我选择"。单击"下一步"按钮,如图 2-108 所示。
- 在系统列出的备份清单中,勾选要备份的磁盘,打开磁盘,进一步选择要备份的文件夹,单击"下一步"按钮。如果计算机有多个用户,应该勾选"为新建用户备份数

图 2-106

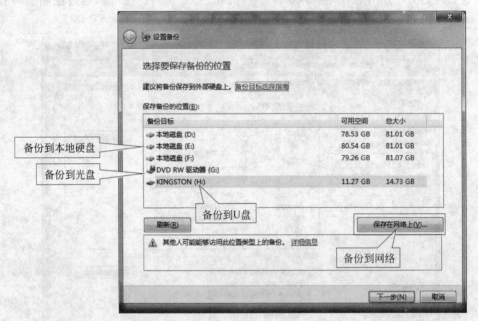

图 2-107

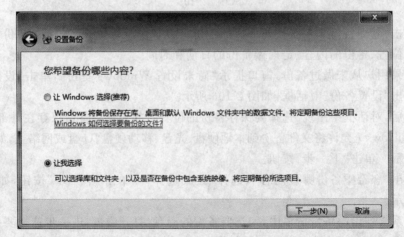

图 2-108

计算机应用基础

据"，如图 2-109 所示。如果用户具有良好的使用计算机的习惯，将重要数据自觉地保存于库中，应该勾选"tiger 的库"（tiger 是用户名）。单击"下一步"按钮。

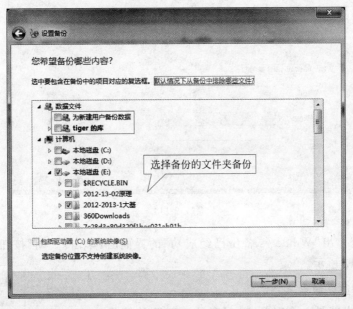

图　2-109

- 查看备份的设置情况，对话框中列出不在备份之列的文件夹，仔细检查是否正确，如图 2-110 所示。

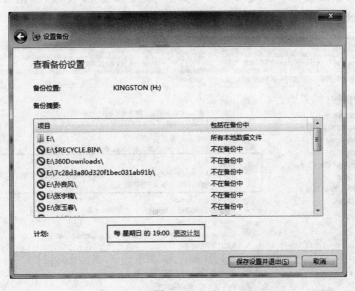

图　2-110

- 单击"更改计划"，设置备份文件的日期和时间，如图 2-111 所示。单击"确定"按钮，单击"保存设置并备份"按钮。文件的备份方案设置完成，并开始备份。

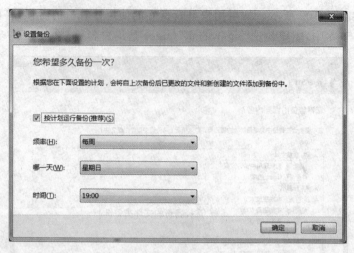

图　2-111

- 当系统弹出"Windows 备份已经成功"的界面时,单击"关闭"按钮,备份文件如图 2-112 所示。

2. 创建系统还原点

系统还原点就是一个时间点,保存这一时刻计算机的状态,包括系统库、个性设置、系统设置等,待到计算机出现问题,可以将计算机系统还原到这个时间点的状态。

图　2-112

- 选择"控制面板"→"系统和安全",弹出"系统和安全"窗口,如图 2-113 所示。单击"系统",弹出"系统"窗口。

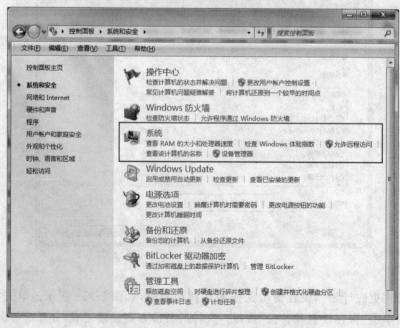

图　2-113

- 在"系统"窗口中,如图 2-114 所示,单击"查看有关计算机的基本信息",系统列出计算机系统详细的基本信息,包括计算机安装的操作系统、计算机的制造商、CPU的型号和参数、内存容量、系统类型等。单击"系统保护",弹出"系统属性"对话框。

图　2-114

- 在"系统属性"对话框中,如图 2-115 所示,打开"系统保护"选项卡,选择要保护的磁盘,例如系统磁盘 C 盘。单击"配置"按钮,打开"系统保护本地磁盘 C"对话框,如图 2-116 所示。进一步设置要保护的内容、磁盘空间的占用量、删除以前的还原点等操作。单击"确定"按钮,返回"系统属性"对话框。

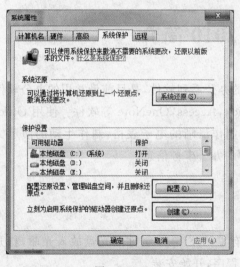

图　2-115

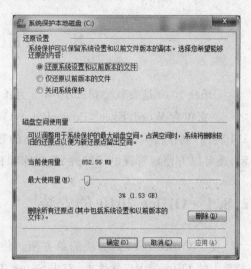

图　2-116

- 在"系统属性"对话框中,单击"创建"按钮,弹出对话框,如图 2-117 所示,输入要创建的还原点的描述文字,单击"创建"按钮,系统开始创建还原点,稍后创建完成。单击"确定"按钮。

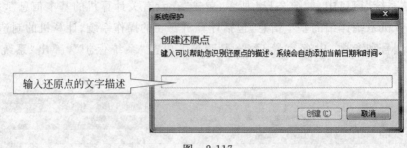

输入还原点的文字描述

图　2-117

3. 还原系统

系统出现问题时,可以使用创建的还原点还原系统。还原点还原系统,不会删除安装在系统盘中的程序和软件,因此可能不能彻底清除系统故障。

- 单击"控制面板→系统和安全→系统→系统保护",弹出"系统属性"对话框中,打开"系统保护"选项卡,单击"系统还原"按钮,弹出"系统还原"对话框,在它的引导下完成系统还原。

Windows 7 操作系统提供创建系统映像的功能。系统映像是驱动器的精确映像,包含系统、系统设置、应用程序和文件。即使计算机硬盘损坏也可以使用系统映像还原计算机中的内容。系统映像可以保存在硬盘、光盘、或网络上。最好是保存在光盘上,但是需要用户计算机安装有刻录光驱和几张可以刻录的 DVD 光盘。

2.8　Office 2010 简介

Office 2010 是微软公司 2010 年 5 月推出的办公系列软件,是目前最常用的办公软件之一。它包含 Word,Excel,PowerPoint,Outlook,Access,OneNote 等软件。使用 Office 2010 可以制作精美的文档,对复杂多样的数据制作清晰的电子表格,制作生动的演示文稿,还可以方便地管理电子邮件、数据库和日常的办公事务信息。

2.8.1　Office 2010 的安装

安装 Office 2010 的方法简单方便。将含有 Office 2010 组件的光盘放入光驱,打开光盘上的 Office 2010 文件夹,双击 Setup 安装程序,开始安装。

- 安装程序首先解压缩文件,然后弹出"选择 Microsoft Office"产品对话框,如图 2-118 所示,单击"Microsoft Office Professional Plus 2010",单击"继续"按钮。
- 弹出"阅读 Microsoft 软件许可证条款"对话框,如图 2-119 所示,单击"我接受此协议的条款"复选框,单击"继续"按钮,弹出"选择所需的安装"对话框。
- 在"选择所需的安装"对话框中,单击"自定义"按钮,在弹出的对话框里有多张选

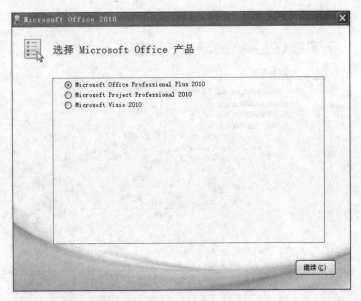

图　2-118

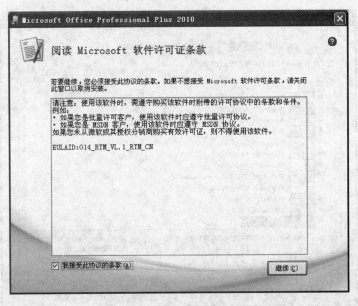

图　2-119

项卡,"升级"选项卡中用户要选择如何处理早期版本,如图 2-120 所示;"语言"选项卡中选择"简体中文";"安装选项"选项卡中用户自己设置要安装的组件,如图 2-121 所示;"文件位置"选项卡中用户自己设置 Office 2010 的安装位置、安装的组件等。

- 单击"升级"或"立即安装"按钮,开始安装,弹出"安装进度"对话框。稍后,安装完毕,弹出 Office 对话框,单击"关闭"按钮。

图　2-120

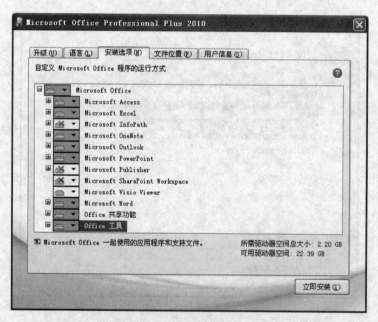

图　2-121

2.8.2　Office 2010 组件的启动与退出

在计算机上安装了 Office 2010 后，系统就可以识别 Microsoft Office 文档。启动 Office 软件可以创建、打开和编辑文档。

1. 启动 Office 软件

启动 Office 2010 软件的基本方法有很多，常见的有下列几种。

（1）单击「开始」按钮→"所有程序"→"Microsoft Office"→"程序"；

（2）右击 Office 文件，弹出快捷菜单，单击"打开"命令，启动程序并打开文件；

（3）在资源管理器中，选中 Office 文件，单击工具栏上的"打开"命令，启动程序并打开文件；

（4）无论在什么地方有 Office 软件的图标，单击图标；

（5）双击 Office 文件图标。

2. 退出 Office 软件

退出 Office 2010 软件也有多种方法，这里介绍常见的 4 种方法。

（1）标准的退出方法："文件"菜单→"退出"，退出 Office 2010 软件，如图 2-122 所示。

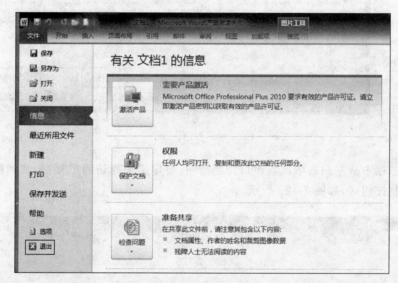

图　2-122

（2）单击 Office 2010 软件窗口右上角的"关闭"按钮，退出当前文档，同时退出 Office 2010 软件，如图 2-123 所示。

图　2-123

（3）单击 Office 2010 软件窗口左上角的程序控制图标，在弹出的快捷菜单中选择"关闭"，如图 2-123 所示。

(4) 使用组合键 Alt＋F4，关闭 Office 2010 软件。

2.8.3 Word，Excel 和 PowerPoint 组件的共同点

Office 2010 软件包中 Word，Excel 和 PowerPoint 等组件，有着相似的工作界面，在功能的使用上也有许多共同之处。工作界面都是由标题栏、"文件"按钮、功能区、工作区、状态栏、视图切换区和显示比例缩放区等部分组成，如图 2-124 所示。

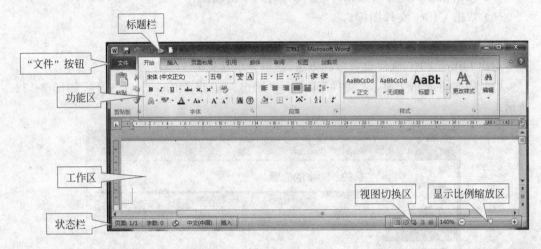

图　2-124

• 标题栏中从左到右依次为窗口控制按钮、自定义快速访问工具栏、文档标题、窗口控制按钮区，如图 2-125 所示。

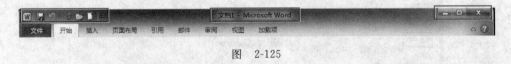

图　2-125

• 标题栏中窗口控制按钮：单击它，出现下拉列表命令，如图 2-126 所示，可以控制窗口的大小和关闭窗口。

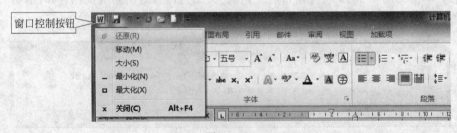

图　2-126

• 单击"自定义快速访问工具栏"按钮，在下拉列表命令中勾选自己最常用的命令，如打开、保存、撤销和恢复，相应的命令按钮出现在它的旁边，如图 2-127 所示。

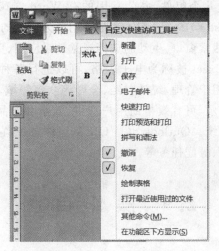

图　2-127

- "文件"按钮,单击"文件"按钮,弹出下拉菜单,菜单中包含新建(文档)、保存、另存为、打开、关闭、文档信息、打印、选项设置等功能。
- 功能区,包含多张功能选项卡,每个选项卡中又包含多个功能组,每个功能组包含多个命令按钮。
- 功能区折叠按钮,单击它,收起功能区;再单击它,展开功能区,如图 2-128 所示。

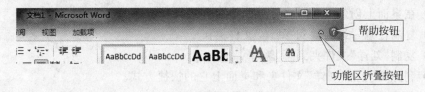

图　2-128

- 工作区,进行文件编辑处理的区域。
- 状态栏,用于显示当前文件的信息。
- 视图切换区,单击它,可以方便地在不同视图间切换,如 Word 2010 的视图切换区可以轻松地在页面视图、阅读版式视图、Web 版式视图、大纲视图和草稿视图之间进行切换,如图 2-129 所示。

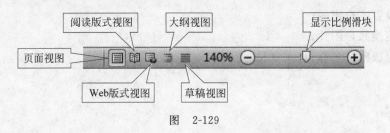

图　2-129

- 显示比例缩放区,拖动滑块,可以方便地设置工作区的显示比例。

Office 2010 中包含十几个组件,办公常用的有 Word 2010、Excel 2010、PowerPoint 2010、Outlook 2010、Access 2010 等。Word 是使用最为广泛的文字处理软件。与以前版本相比,具有全新的导航搜索窗口、生动的文档视觉效果应用、更加安全的文档恢复功能、简单便捷的截图功能等;Excel 被称为电子表格,可以进行各种数据的处理、统计分析和辅助决策操作,广泛地应用于管理、统计财经、金融等众多领域。PowerPoint 的主要功能是进行幻灯片的制作和演示,可有效帮助用户演讲、教学和产品演示等。Access 2010 是常用的数据库信息处理系统。Outlook 也是 Office 组件之一,它可以用来收发邮件、管理联系人、记日记、安排日程、分配任务等。

2.9 操 作 自 测

1. 在 Windows 7 中,完成下列操作。
(1) 对桌面图标按名称进行排列;
(2) 打开资源管理器,打开 Internet Explorer,打开回收站,将这些窗口层叠、堆叠或并排显示在桌面上;
(3) 采用 Aero 三维窗口切换窗口。
2. 在 Windows 7 中,掌握文件、文件夹的复制、移动和删除操作。
(1) 在 D 盘的根目录上创建"刘洋"文件夹;
(2) 在桌面上创建"刘洋"文件夹的快捷方式;
(3) 复制任意一组文件到"刘洋"文件夹;
(4) 复制"刘洋"文件夹到 U 盘;
(5) 删除 D 盘上"刘洋"文件夹和桌面上它的快捷方式。
3. 在 Windows 7 中,设置个性化开始菜单。
(1) 设置"个人文件夹"显示为菜单;
(2) 设置"计算机"显示为链接;
(3) 设置"控制面板"显示为菜单;
(4) 设置当任务栏被图标占满时,合并图标。
4. 管理 Windows 7 中用户账户。
(1) 创建新账户"刘洋",设置账户类型为"管理员";
(2) 设置账户密码;
(3) 更换账户图片;
(4) 更改账户名称为"文章"。

第 **3** 章　Word 2010 文字编辑软件

Word 2010 是 Office 2010 组件中的一款强大的文字处理软件,可以进行文字编辑、图文混排、制作表格,帮助我们创建专业品质的文档。它提供简单易用的功能区新界面、生动的视觉效果、安全的文档恢复、便捷的屏幕截图以及以操纵对象为中心的命令组合方式,是最优秀的文档编辑软件之一。

3.1　启动与退出 Word 2010

3.1.1　启动 Word 2010

启动 Word 2010 有多种方法,这里介绍常见的 3 种方法。

1. 使用「开始」菜单

如图 3-1 所示,单击「开始」按钮→所有程序→Microsoft Office→Microsoft Word 2010 命令,启动 Word 2010。

2. 使用最近使用过的程序菜单

单击「开始」按钮时,Windows 会列出用户最近使用过的应用程序。如果最近使用过 Word 2010,就会在其中查到 Microsoft Word 2010,单击它启动 Word 2010。

3. 使用已有 Word 2010 文档图标

如图 3-2 所示,如果计算机中有以前创建的 Word 2010 文档,选中该文档并右击,在弹出的快捷菜单中单击"打开"命令,或者选中该文档后单击窗口工具栏中的"打开"命令,启动 Word 2010 并打开该文档。也可以通过直接双击 Word 2010 文档图标进入 Word 2010 并打开文档。

3.1.2　退出 Word 2010

退出 Word 2010 也有多种方法,这里介绍常见的 2 种方法。

图 3-1

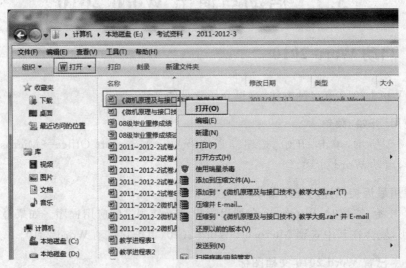

图 3-2

1. 标准的退出方法

如图 3-3 所示,单击"文件"→"退出",退出 Word 2010。"文件"菜单中的"关闭"命令只关闭当前文档,不退出 Word 2010。

2. 单击窗口右上角的关闭按钮(或者使用组合键 Alt+F4)

如图 3-4 所示,关闭当前文档。如果当前文档为唯一打开的文档,会同时退出 Word 2010。

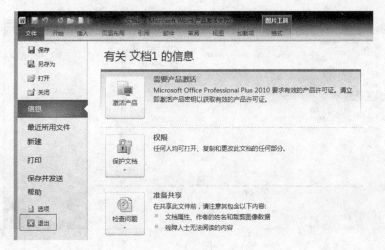

图 3-3

图 3-4

3.2 文档的基本操作

在 Word 中生成、编辑处理的文件称为 Word 文档。文档的基本操作包括新建、编辑、保存、关闭和打开。

3.2.1 新建文档

新建文档有多种方法,如启动 Word 2010,系统自动新建一个空白文档。又如在已经打开的 Word 2010 中单击快速访问工具栏中的"新建"按钮,如图 3-5 所示。或者使用组合键 CtrL+N 都可以新建一个文档。

图 3-5

标准的新建文档方法:如图 3-6 所示,单击"文件"按钮,在弹出的下拉菜单中,选择"新建"命令。下面就通过这种方式新建一个文档,新建的文档自动命名为"文档 1"。

图　3-6

　　选择"新建"命令，系统弹出"可用模板"选项卡，上面包含很多文档模板。其中部分模板是 Office 2010 自带的文档模板，约 55 种，如简历、信函、报表模板等。Office.com 模板中的样式需要从 Office 官方网站下载，如日历、名片、证书、会议议程、聘用、合同、协议、法律文书等模板，实用并且方便。学会使用这些模板，能在一定程度上减轻我们的工作强度。

　　根据自己文档的内容需要选择一种模板，按照模板的样式，输入文字等内容进行编辑，很快就会完成文档。如图 3-7 所示，如使用"会议议程"模板新建一个会议议程文档，只要把文档中的栏目按照我们自己的时间、地点和内容进行修改即可。

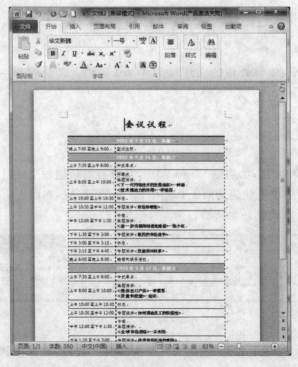

图　3-7

　────────── 计算机应用基础

3.2.2 保存文档

在文档的编辑过程中,要经常保存文档,这样在系统遇到突发事件时可以减少数据损失。将系统设置成定时保存文档会更方便,系统以后台工作方式自动进行定时保存,不影响我们编辑文档。

保存文档的方法也有很多。如单击快速访问工具栏中的保存按钮,如图3-8所示;或者"文件"菜单中的"保存"或"另存为"命令等。

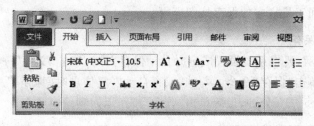

图 3-8

1. 保存新建文档

以保存"会议议程"文档为例,"会议议程"是新建的文档,还没有保存过,系统自动给出的文档名字为"文档1"。如图3-9所示,保存时,单击"文件"→"保存",系统弹出"另存为"对话框。

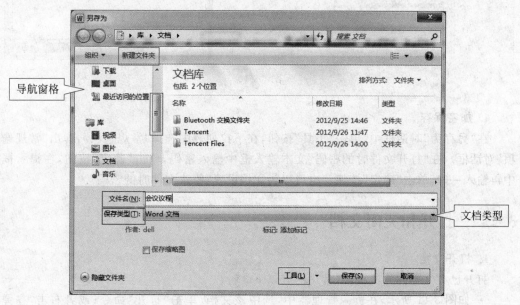

图 3-9

• 首先选择文档的存放位置。向下拖动滑块,导航窗格中出现"本地磁盘C、本地磁盘 D、本地磁盘 E、本地磁盘 F"，选择其中一个磁盘，找到存放文档的文件夹，也可以使用"新建文件夹"命令创建一个新文件夹。

- 然后输入文件名。在"文件名"的文本输入框中输入"会议议程"。
- 在"保存类型"文本输入框中，单击右端的小黑三角，在下拉列表中选择一种文档类型。文档的默认类型为"Word 文档"，即 DOCX 类型。习惯使用 Word 2003 的人也可以选择"Word97-2003 文档"类型。

2. 保存原有的文档

已经保存过的文档，又有了新修改，或者打开的是原有的文档，想保存在原有的位置，直接单击快速访问工具栏中的保存按钮即可。

3. 设置自动保存

如图 3-10 所示，要将系统设置成定时自动保存文档，单击"文件"→"选项"，在"Word选项"对话框中，单击"保存"命令。勾选"保存自动恢复信息时间间隔"并填写自己满意的时间，多数人选择 5～10 分钟，最后单击"确定"按钮返回到编辑状态。

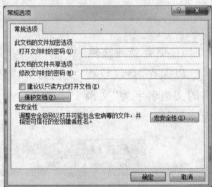

图　3-10

4. 加密保存

在"另存为"对话框中，单击"工具"按钮，在下拉列表中选择"常规选项"，弹出"常规选项"对话框。在"打开文件时的密码"文本输入框中输入密码，单击"确定"按钮，在提示框中再输入一遍，单击"确定"按钮。也可以为文档设置"修改文件时的密码"。

3.2.3　打开和关闭文档

1. 打开文档

打开已有文档的方法很多，常用的有以下 3 种。

- 如图 3-11 所示，在资源管理器中，选中该文档，单击"打开"命令；或者右击，在弹出的快捷菜单中单击"打开"命令。
- 如图 3-12 所示，打开 Word 2010，单击"文件"→"打开"，在弹出的"打开"对话框中，首先查找文档所在的文件夹，再选中该文档，然后单击"打开"按钮。

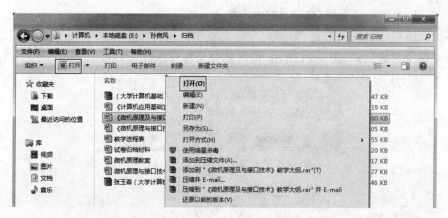

图 3-11

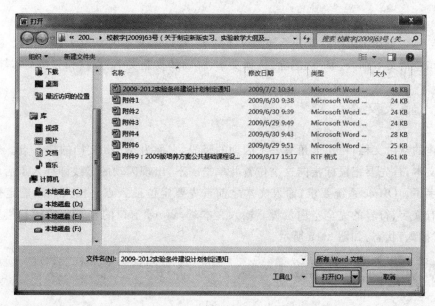

图 3-12

- 单击快速访问工具栏中的"打开"按钮,弹出"打开"对话框,后面的操作同上。

2. 关闭文档

- 最简捷的方法是单击标题栏右上方的×按钮,如图 3-13 所示。

图 3-13

- 单击标题栏左上角的 W 图标,在弹出的下拉菜单中单击"关闭"命令,或使用组合键 Alt+F4。

- 使用"文件"→"关闭"命令,关闭文档。

不论使用哪一种关闭方法,如果用户对文档作了修改而没有保存,系统在关闭之前会打开一个提示对话框,如图 3-14 所示,询问你是否保存刚才做的修改。

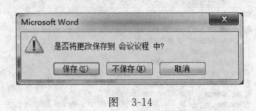

图　3-14

3.3　编辑文本的基本操作

通常建立 Word 文档后就开始输入文本内容,常见的文本内容为文字、符号。文档的基本操作包括文本输入、修改、删除、选择文本、移动和复制文本、查找和替换文本等操作。

3.3.1　输入文本

新建的空白文档,在左上角有一个闪动的竖线,它称为 Word 文档的插入点。想在哪里输入文本,首先要把鼠标指向这个位置并单击一下,出现闪动的竖线即插入点后就可以输入文字了。Office 系统要求,输入文本之前首先要定位插入点。插入点不能定位在前后都没有文字、符号的完全空白位置。输入文本时,Word 窗口的左下角的状态栏里显示目前为"插入"状态,如图 3-15 所示。

图　3-15

1. 输入普通文本

新建的空白文档,系统将插入点设置在第一行的最左端。选择自己喜欢的输入法,输入中文、英文、数字。文字输入满一行时,系统会自动换行。一段文字输入完成后要敲 Enter(回车)键,回车符是段落的标志符。

2. 输入公式

在输入文字的过程中有时会输入公式或特殊符号。如图 3-16 所示,"插入"选项卡的右端,有公式、符号和编号的输入按钮。

- 如图 3-17 所示,单击"公式"按钮,可以插入常见的数学公式,也可以通过使用数学符号库构造自己的数学公式。

图 3-16

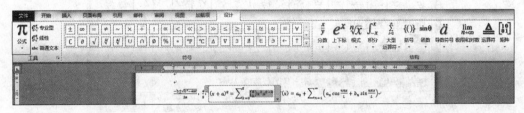

图 3-17

3. 输入特殊符号、生僻字

- 如图 3-18 所示，单击"符号"按钮，下拉列表中显示常用的符号和键盘上没有的符号，单击它就可以输入它。

- 单击"其他符号"按钮弹出"符号"对话框，如图 3-19 所示，可以输入生僻字和特殊符号。"符号"对话框中有"符号"和"特殊字符"两个选项卡。在"符号"选项卡的字体选择列表框中，选择符号的字体；在"子集"列表框中，显示系统对符号的分类，如货币符号、类似字母的符号、箭头、数学运算符、带括号的数字等。每一个符号都有自己的名称，单击它，可以在下方看到它的名称或用途，单击"插入"按钮将其插入到文档中。

图 3-18

- 输入生僻字。如图 3-20 所示，在"子集"列表框中选择"CJK 统一汉字"，按照偏旁部首查找生僻字，选中后单击"插入"，就会在插入点上加入这个字。

4. 输入编号

- 如图 3-21 所示，单击"编号"按钮，弹出"编号"对话框，选择编号类型，在"编号"文本框中输入数字，单击"确定"按钮，如输入①②③。

5. 输入日期和时间

如图 3-22 所示，"插入"选项卡的"文本"功能组中，有"日期和时间"按钮，单击它，就会弹出"日期和时间"对话框，选择一种格式，单击"确定"按钮就可以在插入点输入时间和日期。

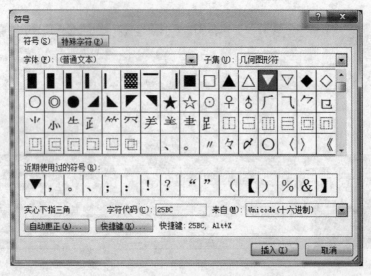

图　3-19

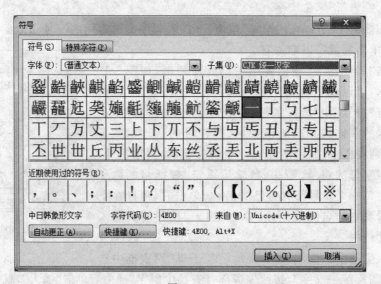

图　3-20

3.3.2　编辑文本

文本输入结束后,开始对文本进行修改调整称为编辑文本。编辑文本主要有复制、移动、查找和替换、删除文本等操作。在对文本进行操作之前,首先要选择操作的对象。

1. 选择文本

将鼠标移动到要选择的文本的开头或结尾,按住鼠标左键并拖动鼠标,滑过的文本被添加浅蓝色的底纹,说明被选中,如图 3-23 所示。

图 3-21

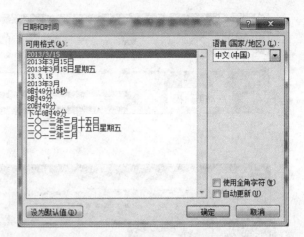

图 3-22

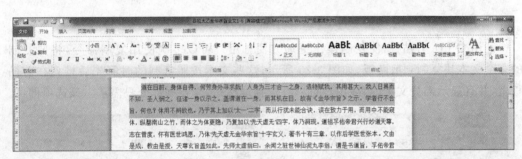

图 3-23

拖动鼠标选择文本,可以很方便地选择一个字、一行或一小段文字。另一种常用的方法是把鼠标移到要选择的行的左边或右边,当鼠标为箭头时单击,可以迅速选中该行;把鼠标移到要选择的段落的左边或右边,当鼠标为箭头时双击,可以迅速选中该段;三击鼠标左键,可以迅速选中整篇文档。选择整篇文档,最常见的做法还有按组合键 Ctrl＋A。

单击鼠标左键,取消选择。

2. 复制文本

复制文本可以通过剪贴板,使用复制、粘贴命令完成,也可以利用鼠标拖曳复制,还可以使用快捷菜单中的复制粘贴命令完成。

(1) 利用剪贴板复制

- 如图 3-24 所示,选择要复制的文本,单击"开始"选项卡中的"复制"按钮(或 Ctrl＋C),将文本复制到剪贴板。
- 如图 3-25 所示,单击"剪贴板"功能组右下角的小箭头,打开剪贴板,可以看到刚才复制的内容。
- 在文档中找到复制的位置,单击鼠标定位插入点,单击"粘贴"命令(或 Ctrl＋V),文本复制完成。

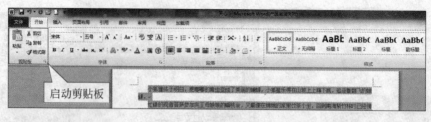

图 3-24

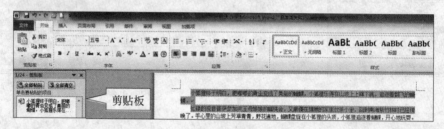

图 3-25

利用 Office 剪贴板，使复制操作更加方便。用户可以多次使用复制命令，将要复制的多个文本块复制到剪贴板，如图 3-26 所示，这些文本按照复制的时间先后排列在剪贴板上，并且显示部分文字内容，用户可以有选择地粘贴，需要哪部分只需单击该选项即可。

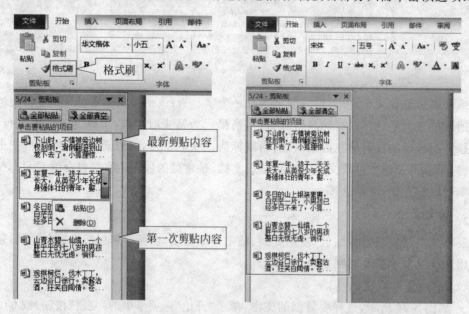

图 3-26

如果需要删除 Office 剪贴板中的一项或几项内容，可以将鼠标移动到该项目，在它的右侧会出现一个下拉三角按钮，单击它，在打开的下拉菜单中执行"删除"命令。

· 单击剪贴板上部的"全部粘贴"按钮，剪贴板上的内容按先后顺序全部粘贴在插入点处。单击顶部的"全部清空"按钮，清空剪贴板。

（2）鼠标拖曳复制

选择复制的文本，同时按下 Ctrl 键和鼠标左键，拖曳鼠标到复制的位置，释放鼠标和 Ctrl 键，复制完成。在拖曳时鼠标的下方出现一个＋字星，它是复制的标志。

（3）文本格式的复制

在剪贴板功能组中还有一个"格式刷"按钮，如图 3-26 所示，利用它可以将特定文本的格式复制到其他文本中，当用户为不同文本设置相同格式时，使用格式刷快捷又方便。

- 选中具有理想格式的文本块，单击或双击"格式刷"按钮，单击后只能使用一次，双击可以使用多次。
- 将鼠标指针移动到文本区域，鼠标指针变成刷子形状。按住鼠标左键拖动，格式刷刷过的文本被置成新格式。格式复制完成后，单击"格式刷"按钮关闭格式刷。

3. 移动文本

将选中的文本移动到新位置，与复制文本的过程相似。

- 如图 3-27 所示，通过剪贴板，使用"剪切"（Ctrl＋X）、"粘贴"（Ctrl＋V）命令。

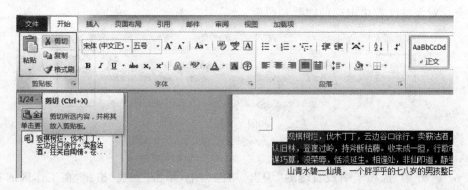

图　3-27

- 利用鼠标拖曳完成移动文本，拖曳时不按 Ctrl 键。
- 如图 3-28 所示，使用快捷菜单中的"剪贴"（Ctrl＋X）、"粘贴"（Ctrl＋V）命令。

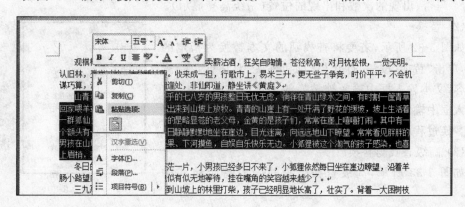

图　3-28

文本复制后,原来位置的内容不变,文本移动后,原来位置上的文本消失。

4. 删除、修改文本

修改和删除是在编辑文档时经常进行的操作。

(1) 删除文本操作

- 通过拖曳鼠标或其他方式选择需要删除的文本,然后单击 Delete 键。
- 定位插入点,单击 Delete 键,删除光标右侧的文字;按 Backspace 键,删除光标左侧的文字。

(2) 修改文本操作

- 定位插入点,输入需要插入的文字。
- 通过拖曳鼠标或其他方式选择需要修改的文本,输入新文字替换被选中的部分。

5. 查找和替换

如图 3-29 所示,使用 Word 2010 的查找和替换功能,可以在文档中查找和替换任意字符,也可以查找和替换字符格式,还可以查找图形、表格、公式、脚注、尾注、批注等,并且说明查找对象在文档中出现的次数和位置。

图　3-29

(1) 查找

- 在"开始"选项卡中最右端的"编辑"功能组中,单击"查找"按钮,在工作区的右边出现"查找"导航窗格,如图 3-30 所示。
- 如图 3-31 所示,在文本输入框中输入要查找的文本,如"小狐狸",系统自动查找,并给出查找成功与否、出现的次数和出现的位置(系统高亮显示)。

(2) 替换

如图 3-32 所示,若要将查找到的文本替换为指定的文本,单击"替换"按钮,打开"查找和替换"对话框,在"查找内容"文本输入框中输入被替换的文本,在"替换为"文本输入框中输入新的文本,单击"替换"或"全部替换"按钮完成替换过程。

(3) 高级查找与替换

如图 3-33 所示,高级查找是查找带有特定格式的文本。

图　3-30

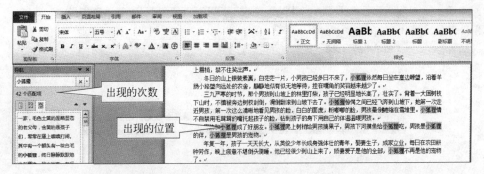

图　3-31

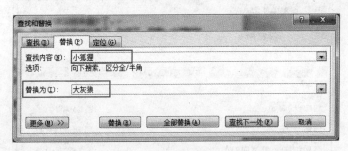

图　3-32

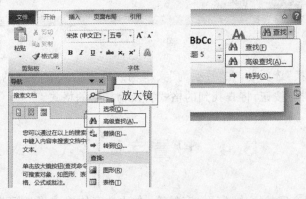

图　3-33

- 单击"查找"按钮旁边的小三角，在下拉列表中选择"高级查找"命令，弹出"查找和替换"对话框，如图 3-34 所示；单击放大镜，也可以找到高级查找命令。
- 在"查找和替换"对话框中单击"更多"按钮，如图 3-35 所示，显示更多的查找选项。
- 单击"格式"按钮，在打开的格式菜单中为查找内容设置格式，如字体、字号、颜色、加粗、倾斜等，单击"确定"按钮返回"查找"选项卡。
- 单击"特殊格式"可以设置查找特殊格式。

图 3-34

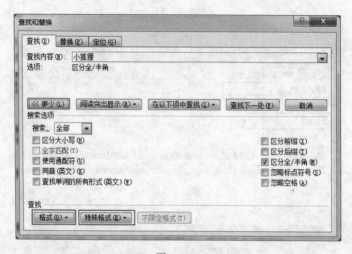

图 3-35

· 切换到"替换"选项卡,在"替换为"文本输入框中输入要替换的内容,单击"替换"
或"全部替换"按钮,将查找到的格式替换为指定的格式。

3.4 设置字体格式

字体的格式即文字的字体、字形、字号等,合适的字体格式设置可以让文字寓意与外观效果相得益彰。设置字体格式有 3 种常用的方式。

1. 使用"开始"选项卡中"字体"功能组中的命令,如图 3-36 所示

· 单击 按钮,清除选中文本的所有的格式,只留下纯文本。

· 单击 按钮,给选中的文字添加拼音,如"伐木丁丁"。

· 单击 按钮,给选中的文本添加边框,如"伐木丁丁"。

· 单击 abc 按钮,给选中的文本添加删除线,如"伐木丁丁"。

· 单击 X_2 按钮,将选中的文字变为下标,如$(111001)_2$ 中的 2。

· 单击 X^2 按钮,将选中的文字变为上标,如 10^3 中的 3。

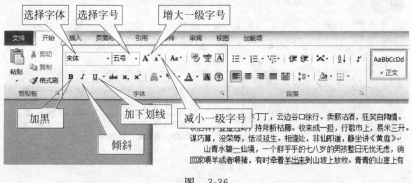

图 3-36

- 单击 <u>A</u>• 按钮，给选中的文本增加外观效果，如"伐 木 丁 丁"。
- 单击 <u>ab</u>• 按钮，为了突出显示选中的文字给它们添加颜色背景，如"伐木丁丁"。
- 单击 <u>A</u>• 按钮，给选中的文字设置颜色。
- 单击 <u>A</u> 按钮，给选中的文字添加底纹，如"伐木丁丁"。
- 单击 **Aa**• 按钮，弹出下拉列表框，用于英文文本的大小写转换，如图 3-37 所示。
- 单击 字 按钮，弹出"带圈字符"对话框，如图 3-38 所示，给选中的文字添加圆圈或其他形状的外框。

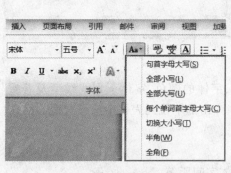

图 3-37

图 3-38

2. 使用浮动工具栏中的字体设置命令

在文档中的任意位置，选中文本后，系统自动出现"字体设置"浮动工具栏，如图 3-39 所示。

3. 通过"字体"对话框设置字体格式

- 单击"字体"功能组中右下角的对话框启动器，弹出"字体"对话框，可以按照需求设置字体格式，如图 3-40 所示。

以上 3 种设置字体的结果相同，用法也相同。前两种方式设置字体格式方便快捷，所含的字体设置命令不如第 3 种方式全面。使用设置命令之前，首先选中要设置字体的文本。

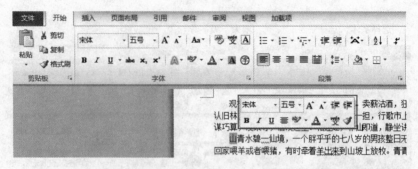

图　3-39

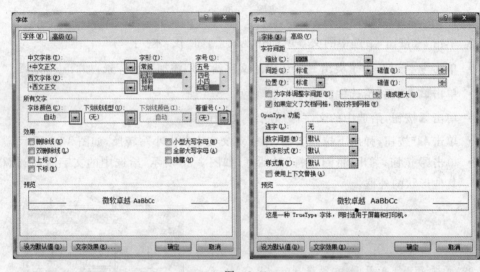

图　3-40

- "字体"选项卡中,中文字体、西文字体、字体的颜色、字体下划线线型及着重号的设置通过单击右侧的下三角按钮▼,在弹出的下拉列表框中选择合适的格式。
- 通过滚动小三角设置字形、字号。
- 字体效果通过勾选进行设置。
- "高级"选项卡中,可以设置字符间距、数字间距等。

　　字符间距指的是文档中字符之间水平间隔大小,有标准、加宽和缩进 3 种设置。加宽和缩进字符间距需要设置加宽和缩进的具体磅值。字符的位置指的是字符的上下位置,分为标准、提升和降低三种设置。

　　这些设置的方法很容易掌握,进行合理的、外观协调的设置需要经验积累。

3.5　设置段落格式

　　Word 2010 将回车符作为段落标记符,用于标记一个段落的结束。常见的段落格式设置有段落对齐方式、缩进大小、制表位、行距、段落间距等。段落中的文字和其含有的格式,可以一起移动或复制。常用的段落格式设置有 2 种方法：段落功能组和段落对话框。使用段落功能组中的命令设置段落的对齐方式很方便；使用段落对话框设置段落缩进、段间距和行间距很方便。

如图 3-41 所示,在"开始"选项卡"段落"功能组中含有常用的段落设置命令。

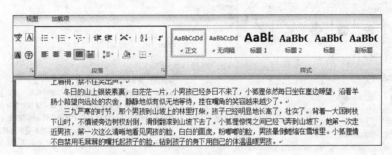

图 3-41

3.5.1 段落对齐方式

设置段落对齐方式有两个基本方法：
- 首先选中要设置格式的段落,单击"段落"功能组中的相应按钮,选中的段落立即出现相应的排列效果。如图 3-42 所示,"段落"功能组中给出了段落对齐的 5 种方式：左对齐、居中、右对齐、两端对齐和分散对齐。
- 如图 3-43 所示,单击"段落"功能组右下角的对话框启动器,打开"段落"对话框,选择对齐方式。

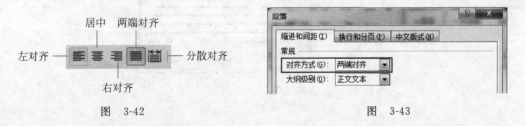

图 3-42   图 3-43

3.5.2 项目符号和编号

项目符号常常用在文档中有多条并列信息的时候,项目编号常常用在多条有次序的内容上,使文档更直观,更具有条理性。

1. 项目符号

选中应用项目符号的文本。如图 3-44 所示,在段落功能组中,单击 ☰▾ 按钮的小三角,打开项目符号库,选择自己喜欢的符号。

项目符号可以是符号,也可以是图片。可以自己创建项目符号。如图 3-45 所示,单

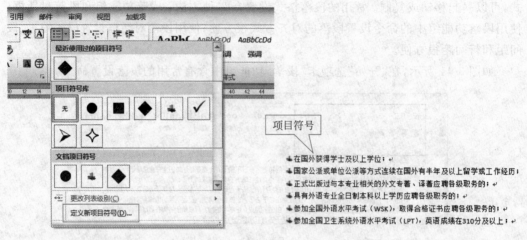

图　3-44

击"定义新项目符号"命令,弹出"定义新项目符号"对话框,可以选择 Word 库中的符号作为项目符号,也可以导入自己喜欢的图片作为项目符号。

图　3-45

2. 项目编号

选中应用项目编号的文本。如图 3-46 所示,在段落功能组中,单击 ☷▾ 按钮的小三角,打开项目编号库,选择自己喜欢的编号样式。也可以创建自己喜欢的项目编号。

3. "段落"功能组的其他几个常用命令

* ☷▾ 按钮,使用多级列表,下拉列表中有多种列表样式。
* ✕▾ 按钮,对选中的文本字符缩放、调整字符宽度。
* ☲↓ 按钮,对数值型数据进行升序排序。
* ♪ 按钮,隐藏或显示编辑标记,如段落标记、分节符等。

项目编号

1.在国外获得学士及以上学位；
2.国家公派或单位公派等方式连续在国外有半年及以上留学或工作经历；
3.正式出版过与本专业相关的外文专著、译著应聘各级职务的；
4.具有外语专业全日制本科以上学历应聘各级职务的；
5.参加全国外语水平考试（WSK），取得合格证书应聘各级职务的；
6.参加全国卫生系统外语水平考试（LPT），英语成绩在310分及以上；

图　3-46

3.5.3　段落缩进

通常段落首行缩进两个汉字的距离，有时为了排版效果，可以使用"段落"功能组中的"减少缩进量"和"增加缩进量"按钮，对整个段落进行左缩进或右缩进，如图 3-47 所示。也可以使用标尺设置段落缩进。

冬日的山上银装素裹，白茫茫一片，小男孩已经多日不来了，小狐狸依然每日坐在崖边瞭望，沿着羊肠小路望向远处的农舍，静静地似有似无地等待，挂在嘴角的笑容越来越少了。

三九严寒的时节，那个男孩到山坡上的林里打柴，孩子已经明显地长高了，壮实了。背着一大困树枝下山时，不慎被旁边树权刮倒，滑倒翻滚到山坡下去了。小狐狸惊愕之间已经飞奔到山坡下，她 [段落左缩进] 一次这么清晰地看见男孩的脸，白白的面庞，粉嘟嘟的脸，男孩晕倒蜷缩在 自禁用毛茸茸的嘴托起孩子的脸，钻到孩子的身下用自己的体温温暖男孩。

图　3-47

1. 使用标尺设置段落缩进

如图 3-48 所示，在"视图"选项卡的"显示"功能组中，勾选标尺，Word 2010 工作区域的上方和左方出现水平标尺和垂直标尺。在水平标尺上有 4 个缩进标记：首行缩进、悬挂缩进、左缩进和右缩进。拖动这些缩进标记，可以调整选中段落的缩进量和页边距。

2. 使用段落对话框设置段落缩进量

如图 3-49 所示，"段落"对话框中，在"缩进和间距"标签的缩进区域中有三个选项分别是"左侧"、"右侧"和"特殊格式"。"左侧"设置左缩进的距离，"右侧"设置右缩进的距离。"特殊格式"列表框中可以选择首行缩进或悬挂缩进，并在"磅值"中输入缩进量。

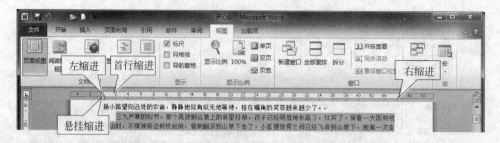

图 3-48

图 3-49

图 3-50 是缩进和悬挂的一个示例。

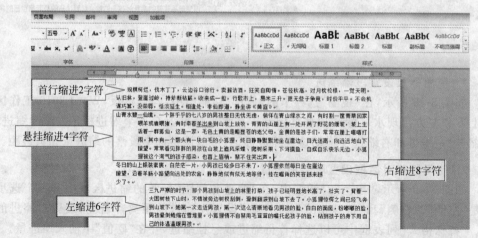

图 3-50

计算机应用基础

3.5.4 段落间距

1. 使用"段落"功能组命令按钮设置段落间距

如图 3-51 所示,选中要调整段间距或行距的段落,在"开始"选项卡的"段落"功能组中,单击 按钮,可以很方便地设置行间距和段间距。

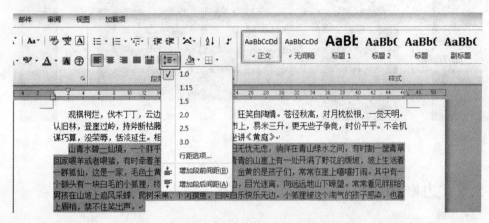

图 3-51

2. 使用"段落"对话框设置段落间距

使用"段落"对话框可以精确设置段与段之间、行与行之间的距离。在对话框"缩进和间距"标签的"间距"区域中设置段间距和行间距;调整段前、段后的磅值,可以设置当前段与上一段和下一段之间的距离,如图 3-52 所示。

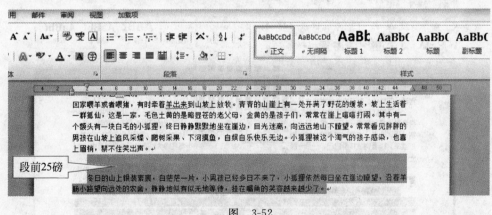

图 3-52

如图 3-53 所示,在"行距"的下拉列表中有 6 个选项:"单倍行距"、"1.5 倍行距"、"2 倍行距"、"最小值"、"固定值"、"多倍行距",在选择后三项时,需要在"设置值"框中输入具体磅值。

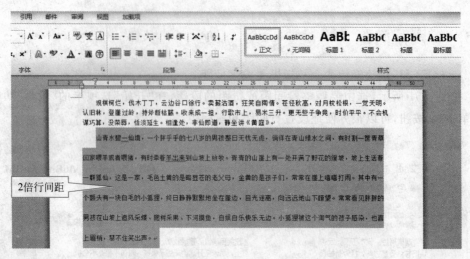

图 3-53

3.5.5 边框和底纹

为了突出显示某个段落,可以给段落添加边框和底纹。

1. 使用"底纹"按钮添加底纹

如图 3-54 所示,选定段落,单击"段落"功能组中的"底纹"按钮,可以快速给段落设置底纹。Word 2010 可以给选定的文字、段落或者整篇文档添加底纹。单击"底纹"旁边的小三角,在下拉列表中可以选择底纹颜色。

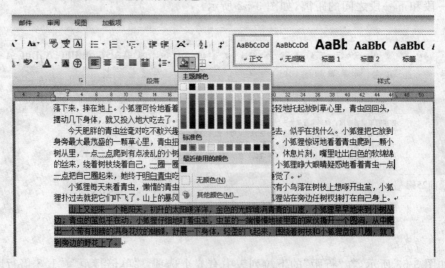

图 3-54

2. 使用"框线"按钮添加边框

如图 3-55 所示,选定段落,单击"段落"功能组中"框线"按钮,可以快速给段落设置边框。Word 2010 可以给选定的文字、段落或者整个页面添加边框。单击"边框"旁边的小三角，在下拉列表中可以选择各种框线，还可以绘制表格、查看网格线、弹出"边框和底纹"对话框。

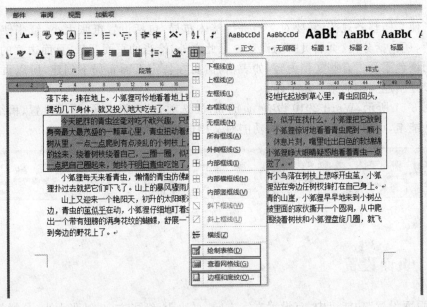

图　3-55

3. 使用"边框和底纹"对话框添加边框和底纹

如图 3-56 所示，用"段落"组"边框和底纹"对话框可以为段落设置多种类型的边框，框线的样式、颜色和宽度都可以选择。"页面边框"选项卡可以为页面设置边框。注意："应用于"下面的选项内容一定要设置。

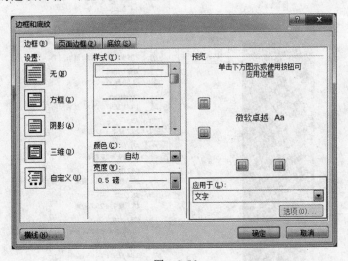

图　3-56

3.6 页 面 布 局

为了使文档整齐规范,需要对文档进行整体布局,包括设置纸张大小、纸张使用方向和页边距,还包括分栏、页眉页脚的设置。除此之外,恰当的页面背景、页面边框的设置也会给文档增色添彩。有些文档内容,如表格,需要在特定页面布局下创建,所以页面布局通常应该是新建文档的第一步工作。

如图 3-57 所示,Word 2010 设有"页面布局"选项卡,包括主题、页面设置、稿纸、页面背景等功能组,可以方便地使用这些功能对文档进行整体布局。

图 3-57

3.6.1 页面设置

在"页面设置"功能组中,有设置文字方向、页边距、纸张方向、纸张大小、分栏等功能。

1. 设置纸张大小

如图 3-58 所示,单击"纸张大小"按钮,在弹出的下拉列表中选择纸张类型。

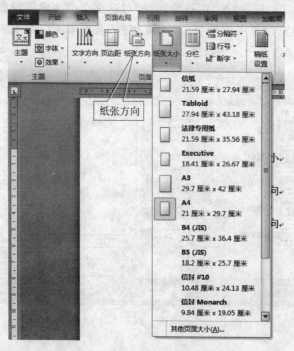

图 3-58

2. 设置纸张方向

单击"纸张方向"按钮,在弹出的列表中选择"横向"或"纵向"。

3. 设置页边距

如图 3-59 所示,单击"页边距"按钮,在弹出的下拉列表中有 4 种常用的设置供选择。如果不满意,可以单击"自定义边距",弹出"页面设置"对话框,在其中进行精确设置。

4. 设置文字方向

如图 3-60 所示,单击"文字方向"按钮,在弹出的列表中可以按图 3-60 所示进行选择。

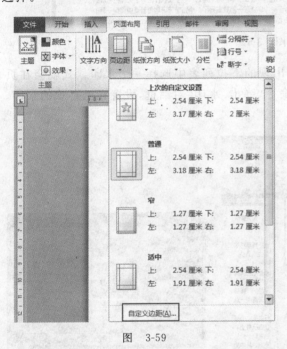

图 3-59

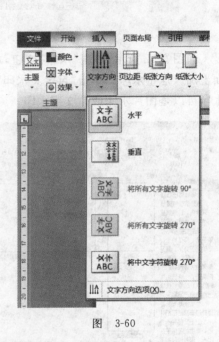

图 3-60

5. 设置分栏

在文档编辑中,将一个页面划分为多个栏目称为分栏。

如图 3-61 所示,设置分栏首先要选中分栏的文本,单击"分栏"按钮,在下拉列表中选择一种分栏方式,选中的文本立刻按照选择的方式分栏。

Word 2010 预设了一栏、两栏、三栏、偏左和偏右五种常用的分栏方式,每种方式包含预设的栏宽和栏间距,可以直接套用。如果需要自定义分栏,单击"更多分栏",弹出"分栏"对话框,进行分栏设置。

3.6.2　页面背景

Word 2010 可以在页面内容后面添加虚影文字,称为水印。水印具有可视性,但不会影响文档的显示效果。

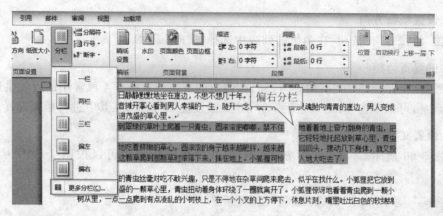

图　3-61

如图 3-62 所示，单击"水印"按钮，在出现的下拉列表中选择一个水印款式就会在页面上加入这个水印。单击"自定义水印"命令，弹出"水印"对话框，设置自己喜欢的水印。水印可以是图片水印或是文字水印。

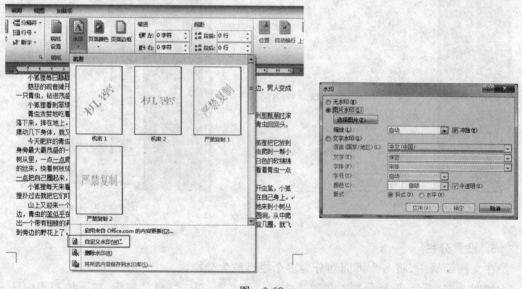

图　3-62

在"页面背景"功能组中，还有"页面颜色"和"页面边框"按钮，使用它们可以为文档添加背景色和页面边框，提升文档的整体效果。

3.7　插　　入

在文档编辑时，除了正文中的文字外，经常需要加入其他的一些内容，如图、表、公式等。如图 3-63 所示，使用"插入"选项卡中的命令，可以在文档中插入图片、表格、超链接、页眉页脚、文本框、符号等。

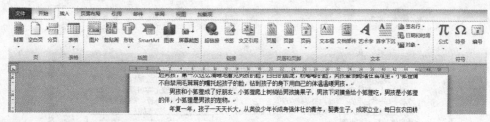

图 3-63

3.7.1 文本框

文本框是一种特殊的图形对象，可以放置在文档的任何位置。文本框内可以输入文本、插入图片，并可以设置各种文本、图片格式。文本框作为一个整体可以移动、复制。文本框主要用来建立特殊文本，如制作特殊的标题样式：文中标题、栏间标题、边标题、局部竖排文本效果等。

1. 插入文本框

• 如图 3-64 所示，单击"文本框"按钮，在出现的下拉列表中有 6 种常用的文本框样式，选择一款输入文本内容即可。

图 3-64

• 如图 3-65 所示，选择了"传统型提要栏"型文本框的效果。
• 如果对现有的样式不满意，可以自己绘制文本框。如图 3-66 所示，在"插入"选项卡中，单击"文本框"，在弹出的下拉列表中单击"绘制文本框"命令，鼠标变为十

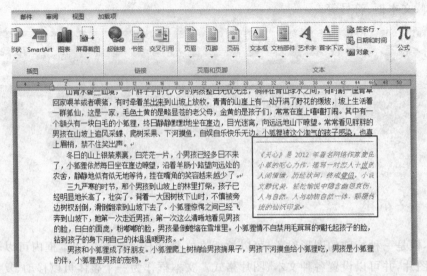

图 3-65

字,在文档中找到合适位置,按下鼠标左键拖动,绘制出文本框,同时系统自动弹出"绘图工具—格式"选项卡。

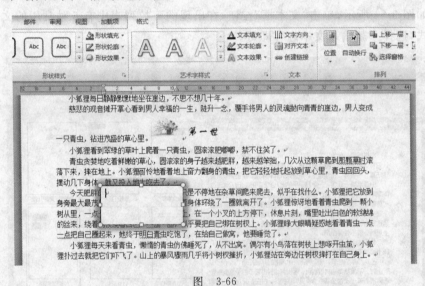

图 3-66

- 文本插入符在文本框内闪动,可以输入文本字符。
- 如图 3-67 所示,在"插入"选项卡中,单击"文本框",在弹出的下拉列表中单击"绘制竖排文本框"命令,绘制文本竖排显示的文本框。

2. 移动和复制文本框

单击文本框的虚框线,虚框线变为实线。框线为虚线时,文本框处于可编辑状态;框线为实线时,文本框可以移动和复制。

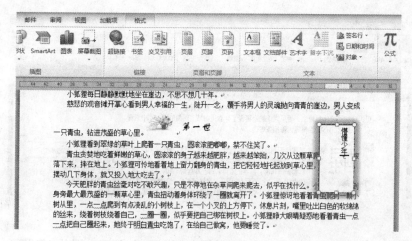

图　3-67

3. 艺术字

　　如图 3-68 所示，选择文本对象，单击"艺术字"按钮，在下拉列表中选择一款样式，文本对象立刻转换为艺术字的形态。系统自动弹出"绘图工具"选项卡，利用其上的命令可以进一步设置艺术字。艺术字可以放置在文档的任何位置。

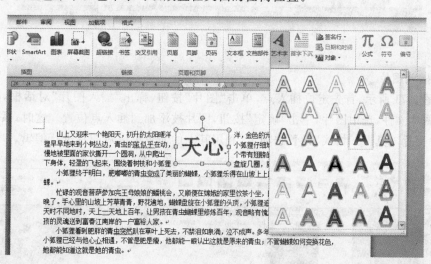

图　3-68

4. 首字下沉

　　首字下沉是一款常见的版式。如图 3-69 所示，选中段落，单击"首字下沉"按钮，选择一款下沉样式即可。也可以单击"首字下沉选项"，更详细地设置下沉参数。

3.7.2　插图

　　在 Word 2010 中可以插入多种格式的图片，如 JPG、BMP、PNG、EMF、WMF、RLE

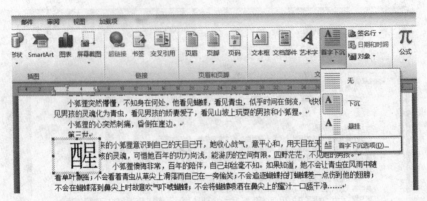

图 3-69

等。如图 3-70 所示，"插入"选项卡中的"插图"功能组，含有插入图片、剪贴画、图形、图表、屏幕截图等命令按钮。

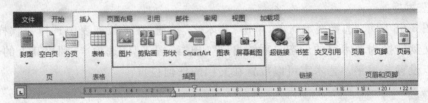

图 3-70

1. 插入图片

如图 3-71 所示，首先定位插入点，单击"图片"按钮，弹出"插入图片"对话框，在机器中查找图片文件，选中图片，单击"确定"按钮，图片被添加到插入点位置。这时，系统会自动弹出"图片工具——格式"设置选项卡，利用其上的命令可以对图片进行编辑。

图 3-71

2. 裁剪与调整图片

通过减少横向和纵向的图片边缘区域裁剪图片，使图片的内容和大小适合文档。

- 如图 3-72 所示，单击选中图片，系统自动弹出"图片工具——格式"选项卡。单击"格式"选项卡，在"大小"功能组中，单击"裁剪"按钮，启动裁剪功能。

使用图片对话框的"调整"功能组，可以对图片进行一定的修改，如图 3-73 所示。

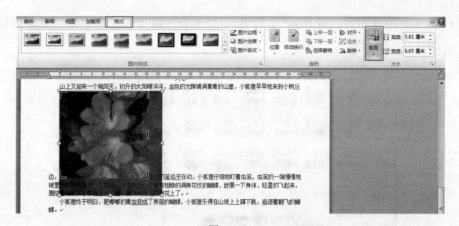

图 3-72

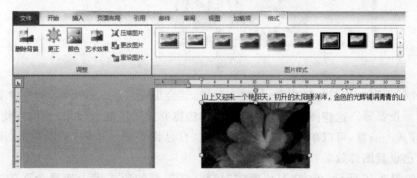

图 3-73

- 单击"删除背景"按钮,删除图片背景。
- 单击"更正"按钮,可以锐化或柔化图片,还可以调整图片的亮度和对比度。
- 单击"颜色"按钮,可以调整颜色饱和度、色调,可以对图片重新着色,设置透明色。
  单击"图片颜色选项",会弹出"设置图片格式"对话框。
- 单击"艺术效果"按钮,设置多种艺术效果,如图 3-74 所示。

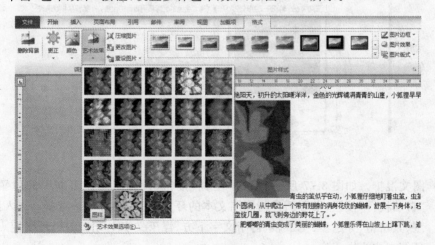

图 3-74

- 如图 3-75 所示,"图片样式"功能组,可以为图片添加边框和效果。系统提供多个图片样式供选择。

图　3-75

　　将光标滑到一款图片样式上,停留 1 秒钟,就会出现该款式的名称,如棱台亚光、棱台矩形、矩形投影等。这些图片样式含有特定的边框并设置了显示效果,使用方便。如果对现有的样式不满意,可以单击"图片边框"按钮,自己设置图片边框;可以单击"图片效果"按钮,自己设置图片效果。

- 如图 3-76 所示,单击"图片版式"按钮,在展开的版式库中选择合适的 SmartArt 图形样式,将图片转换成 Smart Art 图形,在文本框中输入图片标题。

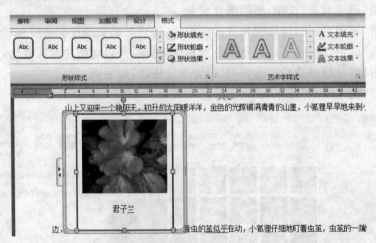

图　3-76

- 图文混排。如图 3-77 所示,单击"位置"按钮,设置图片在页面中的位置。单击"自动换行"按钮,设置图片与周围文本的环绕方式,共有 8 种选择:嵌入型、四周型、紧密型、穿越型、上下型、衬于文字下方、浮于文字上方和编辑环绕定点。默认环绕方式为嵌入型。

　　　　　　计算机应用基础

图   3-77

3. 插入剪贴画

单击"剪贴画"按钮,在 Word 窗口右边弹出"剪贴画"导航窗口。

- 如图 3-78 所示,在"搜索文字"文本输入框中输入剪贴画的名称,可以在 Word 提供的剪贴画库中搜索。如输入 Computer,可以搜索出许多与计算机有关的剪贴画。如果不输入任何内容,系统将搜索所有的剪贴画。

图   3-78

- "结果类型"是个多选列表框,通常勾选所有媒体类型。
- 单击需要的剪贴画,剪贴画就马上粘贴到文档中,如图 3-79 所示。

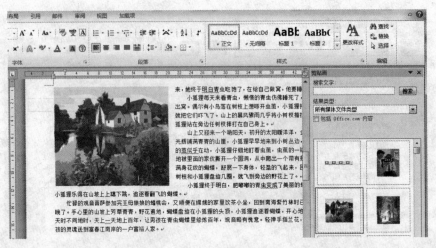

图　3-79

　　剪贴画也是图片。单击剪贴画,系统出现"图片工具——格式"选项卡,可以对图片的样式、颜色、在文档中的位置及图文混排效果进行重新设置。

　　4. 插入图形

　　如图 3-80 所示,Word 2010 中,自选图形分为线条、矩形、基本形状、箭头、公式形状、流程图、星与旗帜和标注等,图形丰富,使用方便。单击"形状"按钮,在展开的下拉列表中出现多种图形,可以单击选择自己需要的图形。

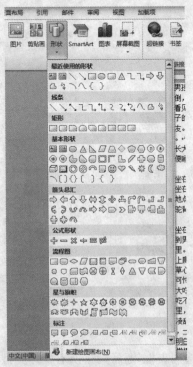

图　3-80

计算机应用基础

- 选择图形，单击，鼠标指针变为十字形状。在文档中找到要添加图形的位置，按下鼠标左键拖动，在文档中绘制图形。这时，系统会自动出现"绘图工具——格式"选项卡，如图 3-81 所示。

图　3-81

- 如图 3-82 所示，在"格式"选项卡里，单击"编辑形状"，弹出下一级菜单，可以通过重新选择形状更改现有的图形，也可以通过"编辑顶点"改良图形。

图　3-82

- 如图 3-83 所示，使用"格式"选项卡的"形状样式"功能组，可以修改形状的填充色、形状的轮廓和形状效果。单击选中图形，单击"格式"选项卡标签，鼠标滑过形状样式，图形随之变化。

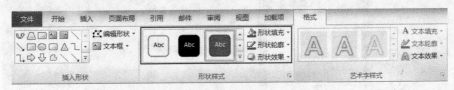

图　3-83

- 在图形中可以添加文本。如图 3-84 所示，选中图形，右击，在弹出的快捷菜单中单击"添加文字"，输入文字信息。系统同时调整"格式"选项卡中的命令。

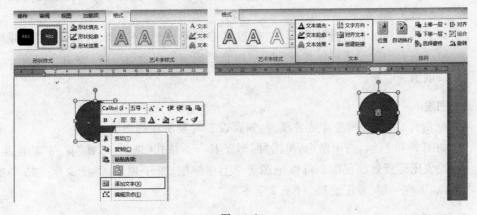

图　3-84

- 在图形中添加了文本,用户还可以重新进入,编辑文本。选中图形,右击,在弹出的快捷菜单中单击"编辑文字"。文字格式可以像正文格式一样进行设置:文本的填充色、文本轮廓和文本效果,文字方向、文本对齐方式,甚至可以加超链接。

5. 组合图形

可以把几个图形组合成一个整体。如果在文档中插入了多个图形,并且多个图形之间需要保持相对位置,在文档发生变化时或者图形在移动复制过程中作为一个整体处理,就可以将它们进行组合。

- 如图 3-85 所示,选中一个图形,按下 Ctrl 键选中其他要与其组合的图形,松开 Ctrl 键;单击"组合"按钮,或者右击,在弹出的快捷菜单中选择"组合"命令,选中的图形就被组合成一个整体。

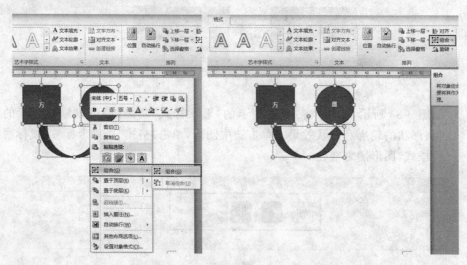

图　3-85

经过组合的图形,可以"取消组合"。
- 右击组合图形,在快捷菜单中选择"组合"命令中的"取消组合",图形之间就取消了组合关系。
- 如果需要在组合的整体图形中,修改其中的小图形,不必取消组合,直接修改即可。组合的图形还可以与其他图形组合形成多重组合图形,取消组合时要一层一层取消。

6. 图层

图形、图片、文本之间经常重叠覆盖,需要设置对象所在的图层。
- 如图 3-86 所示,选中图形,单击"图形工具——格式"选项卡,在"排列"功能组中,设置图形所处的层次。可以把图形"上移一层、置于顶层、浮于文字上方",也可以"下移一层、置于底层、衬于文字下方"。

7. 选择窗格

- 如图 3-87 所示,单击"选择窗格"命令,在文档窗口的右边出现"选择和可见性"导

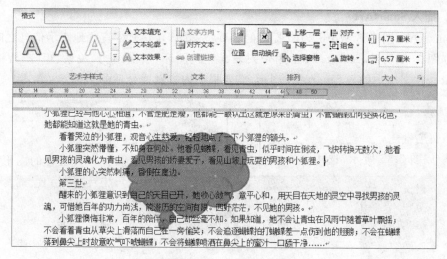

图　3-86

航窗口。窗口中列出当前页上含有的所有自选图形的名称，单击它们，可以很方便地选中某个图形。即使经过组合的图形，也可以用此种方式在不取消组合的情况下，选中其中的某个图形。

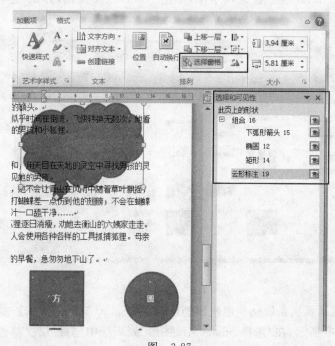

图　3-87

图片与图形的格式设置命令都在"图片工具"中的格式选项卡中，它们的格式设置有许多共同点。例如在页面中的"位置"，与其他文本或图片的环绕方式（"自动换行"），在页面中所处的图层设置等。

8. 插入 SmartArt

SmartArt 图形是 Word 2010 提供的一种特殊图形，它非常直观地表示信息之间的关系。如图 3-88 所示，SmartArt 常用于列表、流程、循环、层次结构、关系、矩阵、棱锥图等的编辑。在文档中插入 SmartArt 图形，需要根据内容选择合适的类别。

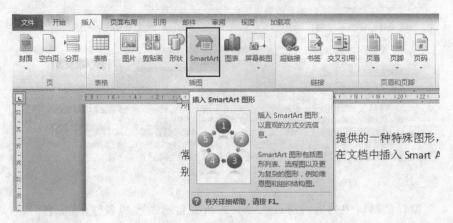

图　3-88

如图 3-89 所示，在"插入"选项卡中，单击 Smart Art 按钮，弹出"选择 Smart Art 图形"列表框。

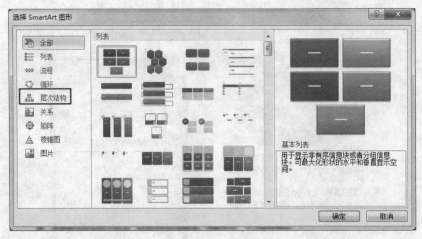

图　3-89

下面以绘制计算机系统结构层次图为例，说明 SmartArt 图形创建过程。

- 如图 3-90 所示，在"选择 Smart Art 图形"列表框中选择"层次结构"类别，选择"水平层次结构"图形，单击"确定"按钮。系统自动弹出"SmartArt 工具"中"设计"和"格式"两张选项卡。
- 如果 SmartArt 图形不能完全满足要求，可以对它进行修改补充。如图 3-91 所示，单击"设计"选项卡，在"创建图形"功能组中，单击"添加形状"按钮，在展开的下拉列表中单击"在后面添加形状"。

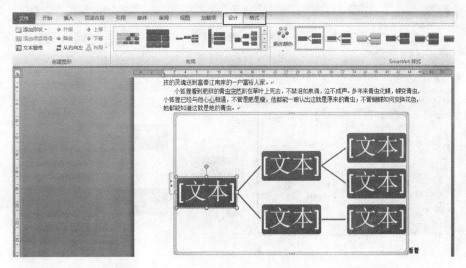

图　3-90

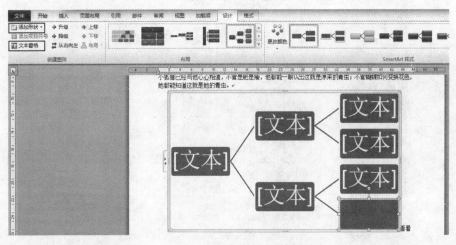

图　3-91

- 在图 3-91 中的文本框中可以添加文字。直接单击文本框，输入文字。如图 3-92 所示，也可以通过单击"文本窗格"按钮，在"在此处键入文字"框中输入文本。

利用 SmartArt 图形的"设计"选项卡，可以很方便地更改它的布局、样式、填充色等。SmartArt 图形作为一个整体，可以放大缩小，其中文本也随之相应变化。

9. 插入图表

图表是用比例图形表现数值大小，比数据表格更加直观地反映数据之间的关系。图表的根基在数据表，图表源于数据表。在 Word 中插入图表与在 Excel 中插入图表的过程类似。

（1）插入图表

- 如图 3-93 所示，单击"图表"按钮，系统弹出"插入图表"对话框。

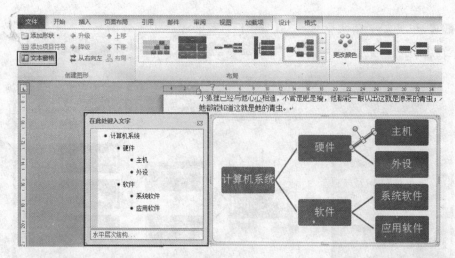

图 3-92

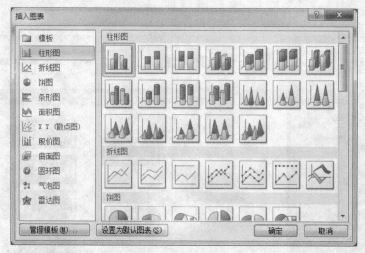

图 3-93

- 如图 3-94 所示,在列出的图表类型中,选择一款图表样式,单击"确定"按钮,系统会弹出浅绿色的"图表工具"大选项卡,其中包含三张选项卡:"设计"、"布局"和"格式"。同时系统会打开 Excel 2010,其上显示一个通用的数据源形式。
- 如图 3-95 所示,在数据源中输入数据,图表自动随数据值变化。
- 数据输入完成后,关闭 Excel 2010,图表就完成了,结果如图 3-96 所示。

(2)编辑图表

- 如图 3-97 所示,单击要编辑的图表,系统出现浅绿色的"图表工具"大选项卡。单击"设计"选项卡,可以更改图表类型、重新选择数据、编辑数据、选择图表布局样式、选择图表样式。
- 如图 3-98 所示,单击要编辑的图表,选择"布局"选项卡,可以编辑图表的标题、坐标轴标题、图例、数据标签、坐标轴、网格线、绘图区等,对图表的组成元素进行精细设计。

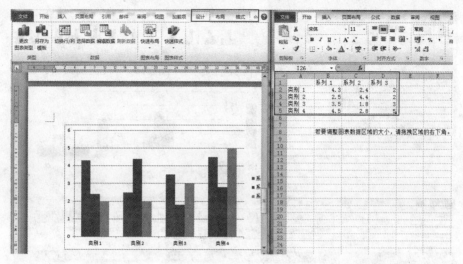

图 3-94

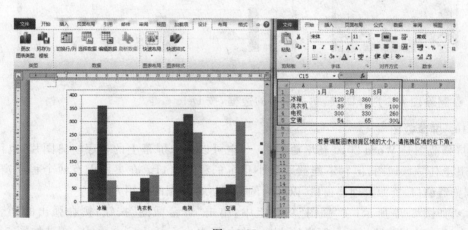

图 3-95

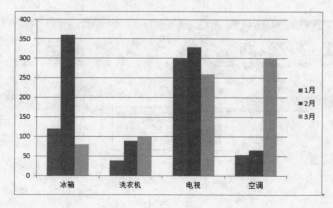

图 3-96

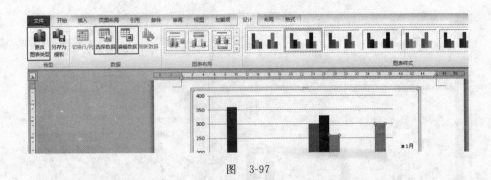

图 3-97

图 3-98

- 删除图表。选择图表,单击图表的边框,按 Delete 键。

10. 屏幕截图

屏幕截图是 Word 2010 新增功能之一,它可以截取屏幕上的程序窗口图片,也可以截取其上任一区域图,但它不能截取最小化了的程序窗口。在桌面上有两个程序窗口:IE 浏览器窗口、资源管理器窗口,以此为例说明屏幕截图的使用方法。

- 如图 3-99 所示,在"插图"功能组中,单击"屏幕截图"按钮;则在弹出的列表框中,列出了目前两个程序的窗口,单击其中一个插入到文档中;结果如图 3-100 所示。

图 3-99

- 单击"屏幕剪辑"按钮,稍后鼠标变为十字,可以在两个程序窗口的任一个中,剪辑

近男孩，第一次这么有幽地看见男孩的脸，白白的圆脸，初嫩嫩的脸，男孩军倒旭旭仕当堆里。小狐狸情不自禁用毛茸茸的嘴托起孩子的脸，钻到孩子的身下用自己的体温温暖男孩。

男孩和小狐狸成了好朋友。小狐狸爬上树梢给男孩摘果子，男孩下河摸鱼给小狐狸吃，男孩是小狐狸的伴，小狐狸是男孩的宠物。

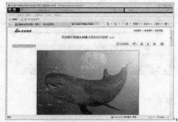

年复一年，孩子一天天长大，从英俊少年长成身强体壮的青年，娶妻生子，成家立业，每日在农田耕种劳作，晚上疲惫不堪倒头便睡。他已经很少到山上来了，娇妻爱子是他的全部，小狐狸不再是他的宠物了。

图　3-100

一个感兴趣的区域插入到文档中。从图 3-100 中可以剪辑出鲨鱼头，如图 3-101 所示。

- 单击 Esc 键，取消屏幕剪辑状态。

图　3-101

3.7.3　插入表格

文档中经常会用到表格，Word 提供了简捷高效的表格编辑功能。Word 2010"插入"选项卡中，提供了快速插入表格的方法。

- 如图 3-102 所示，单击"表格"按钮，在下拉列表中滑动鼠标选择方格，可以快速插入不大于 10×8 的表格。

图　3-102

- 系统自动弹出"表格工具——设计"选项卡，如图 3-103 所示，可以对表格进一步编辑。

"表格"按钮的下拉列表中，含有"插入表格"、"绘制表格"、"文本转换成表格"、"Excel 电子表格"、"快速表格"等命令，可以用插入或者绘制的方法创建表格并对表格进行编辑。

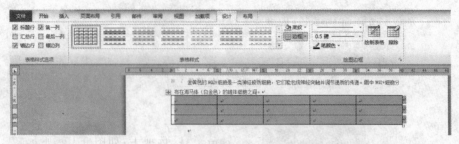

图 3-103

1. 插入表格

如图 3-104 所示，单击"插入表格"命令，弹出"插入表格"对话框，按需要输入表格的行数和列数。选择表格调整的方式，可以根据内容自动调整表格，也可以根据窗口调整表格，也常选择固定列宽的方式。

2. 绘制表格

如图 3-105 所示，在"表格"按钮的下拉列表中，单击"绘制表格"命令，鼠标变为笔的形状，这时可以用笔绘制表格。按下鼠标左键并拖动笔，绘制表格的外边框，再在表格内绘制横线和竖线。绘制表格时系统自动弹出"表格工具"的"设计"和"布局"两张选项卡。表格绘制完成，单击 Esc 键或者单击"绘制表格"按钮，退出绘制状态，鼠标变为编辑状态。

图 3-104

图 3-105

"设计"选项卡中提供了对表格格式设计的一些功能。

- 单击"擦除"按钮，鼠标变为橡皮擦的形态，可以在表格中擦除任意线段。
- 单击"边框"按钮，修改线的样式、颜色、粗细。

——————— 计算机应用基础

- 单击"底纹"按钮，设置表格的底色。
- 单击"表格样式"功能组中的款式，可以一次性地格式化表格。

3. 编辑表格

在实际使用表格时，常常需要修改表格，如增加行或列、合并或拆分单元格、调整单元格的大小、设置单元格中文本的对齐方式、文字转换为表格或者表格转换为文字等，称为编辑表格。

编辑表格时，首先单击表格，系统出现"表格工具"选项卡，如图 3-106 所示，其中的"布局"选项卡给出了很多表格的编辑操作功能。

图　3-106

选择单元格、行、列

- 如图 3-106 所示，单击"选择"命令，弹出下拉列表框，可以在列表中选择单元格、选择一行、选择一列、选择整个表格。

用鼠标也可以完成这些选择。鼠标指针移到行的左侧，指针变为箭头形状时单击左键，可以选中一行，如图 3-107 所示。鼠标指针移到列的上面，指针变为黑色实心箭头↓时单击左键，可以选中一列。按下鼠标左键拖动，也可以选中行或列。单击表格左上角的十字箭头，可以选中整个表格。

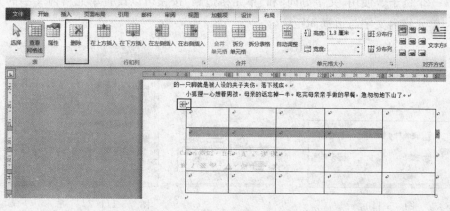

图　3-107

- 单击"删除"命令，弹出下拉列表框，可以删除鼠标所在的单元格、行、列、或整个表格。
- 如图 3-108 所示，在"行和列"功能组中，单击"在上方插入"按钮，可以在所选行上方插入一行，同样的方法，我们可以通过"在下方插入"按钮在所选行的下方插入一

图　3-108

行;类似可以完成列的插入。

- 如图 3-109 所示,选中几个单元格,在"合并"功能组中,单击"合并单元格"按钮,可以将几个单元格合并为一个格。选中一个单元格,单击"拆分单元格"按钮,可以将一个单元格拆分成多个格。单击"拆分表格"按钮,以鼠标指针所在行为基准,可以将表格分为 2 个表格。

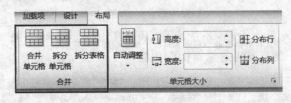

图　3-109

- 如图 3-110 所示,选中表格,在"单元格大小"功能组中,单击"自动调整"按钮,在弹出的下拉命令列表中,可以选择"根据内容自动调整表格"或者"根据窗口自动调整表格",还可以选择"固定列宽"的方式调整表格。行高和列宽也可以通过在"高度"、"宽度"数据框中输入数据进行精确调整。
- 在绘制表格时,行的宽窄可能不均,如果要使其均匀,可以选中各行,单击"分布行"按钮,平均分布各行。同样,"分布列"按钮可用于平均分布各列。
- 如图 3-111 所示,选中单元格,单击"对齐方式"功能组中的命令按钮,设置单元格内容的对齐方式。如左上角对齐、居中对齐等。图 3-112 是居中对齐、左对齐的一个例子。使用"文字方向"和"单元格边距"按钮可以设置单元格内文字的方向,单元格内文字与边框间距。

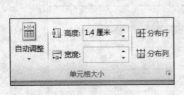

图　3-110

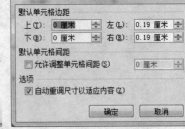

图　3-111

3.7.4　插入页眉页脚

　　页眉、页脚通常出现在文档的顶部和底部,可以插入页码、章节名称、日期时间、作者姓名等信息。恰当地设置页眉、页脚可以使文档更美观,内容更丰富。"插入"选项卡的"页眉页脚"功能组提供了有关的编辑功能。

　　　　　　　　　　　计算机应用基础

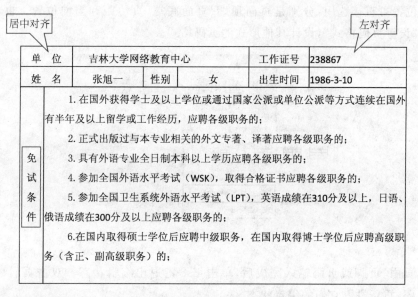

单　位	吉林大学网络教育中心			工作证号	238867
姓　名	张旭一	性别	女	出生时间	1986-3-10
免试条件	1.在国外获得学士及以上学位或通过国家公派或单位公派等方式连续在国外有半年及以上留学或工作经历，应聘各级职务的； 　　2.正式出版过与本专业相关的外文专著、译著应聘各级职务的； 　　3.具有外语专业全日制本科以上学历应聘各级职务的； 　　4.参加全国外语水平考试（WSK），取得合格证书应聘各级职务的； 　　5.参加全国卫生系统外语水平考试（LPT），英语成绩在310分及以上，日语、俄语成绩在300分及以上应聘各级职务的； 　　6.在国内取得硕士学位后应聘中级职务，在国内取得博士学位后应聘高级职务（含正、副高级职务）的；				

图　　3-112

- 如图 3-113 所示，单击"页眉"按钮，在弹出的下拉列表中有 4 种常用页眉款式可直接选用。还可以单击"编辑页眉"，自己设计页眉款式。

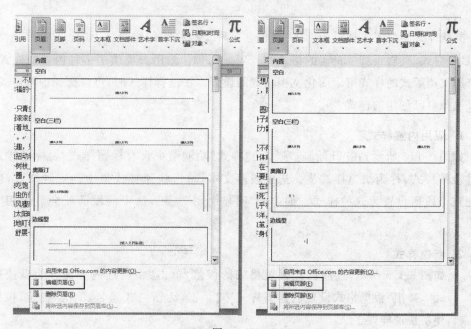

图　　3-113

- 单击"页脚"按钮，弹出的下拉列表中，有 4 种常用的页脚款式可直接选用。也可以单击"编辑页脚"，自己设计页脚款式。
- 如图 3-114 所示，单击"页码"按钮，弹出的下拉列表中，也有 4 种常用的页码放置位置可直接选用,分别是页面顶端、页面底端、页边距和当前位置。也可以通过"设置页码格式",设计其他形式的页码格式。

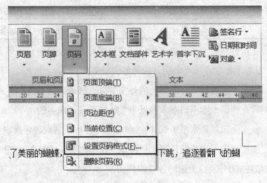

图 3-114

- 页眉、页脚或页码输入完成后,单击 Esc 键退出编辑状态。双击页眉、页脚或页码,重新进入它们的编辑状态。

3.8　应用"样式"格式化文档

文档样式类似于文档模板,是一个包含多种文档格式的组合体,如标题格式、正文格式、目录格式、页眉页脚及页码的格式等。Word 2010 为用户提供了多种内置的样式,适当应用文档版式的样式可以简化文档格式的设置。在选择样式时,可以选择内置样式,也可以选择自己创建的样式。

1. 应用内置样式

如图 3-115 所示,在"开始"选项卡的"样式"功能组中含有标题样式、副标题样式和多种段落样式,称为快速样式集。选中段落文本,单击快速样式集中的一种样式,就可以把这个段落设置为这种样式。如单击"明显引用"按钮,选中的段落就会显示相应的效果。

2. 新建样式

- 如图 3-116 所示,选择已经设置格式的段落,单击"将所选内容保存为新快速样式",弹出"根据格式设置创建新样式"对话框,为新格式起名,单击"确定"按钮创建新快速样式。
- 如图 3-117 所示,在"样式"功能组中单击对话框启动器,弹出"样式"对话框,其中有内置样式列表。在对话框底部有三个按钮,单击"新建样式"按钮,弹出"根据格式设置创建新样式"对话框。在对话框中设置新样式的名称、样式类型、样式基准、后继段落样式并设置字体格式,单击"确定"按钮,创建新样式。

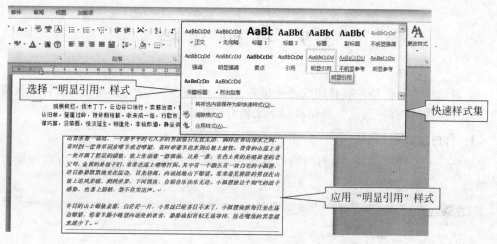

图　3-115

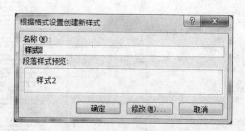

图　3-116

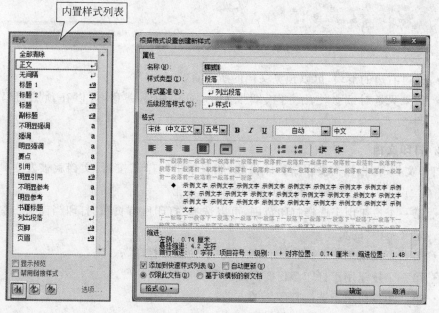

图　3-117

3.9 打印文档

编辑完成的文档经常要打印成纸质材料。Word 提供了"所见即所得"的打印预览功能。通过文档的"打印预览"，就可以确定文档打印的最后效果。

1. 打印预览

如图 3-118 所示，单击"文件"按钮，在弹出的菜单中单击"打印"命令，可以预览打印效果。

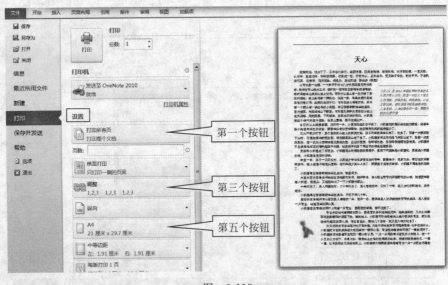

图　3-118

- 通过右边的滑块，可以预览文档的所有页。
- 如果只是对纸张使用方向、纸张大小、页边距不满意，可以在预览窗口中直接调整。

2. 打印文档

打印文档时，根据需要设置打印份数，然后单击"打印"按钮，文档就被发送到打印机打印。在"设置"功能列表中给出了打印的设置功能。

- 第一个按钮用于选择打印范围，可以选择"打印所有页"、"打印当前页"或"打印自定义范围"的页；
- 第二个按钮用于选择"单面打印"或"手动双面打印"；
- 第三个按钮用于打印多份时调整打印页的顺序；
- 第四个按钮用于选择打印纸的方向；
- 第五个按钮用于选择纸的类型；
- 第六个按钮用于选择纸的页边距；

• 最后一个按钮设置每版打印页数。

3.10   操 作 自 测

对朱自清的散文《背影》中的文字按要求排版,要求如下:

(1) 将标题居中,设置为三号字,文字格式为楷体_GB2312。

(2) 将正文设置为宋体,四号,首行缩进 2 个字符,1.5 倍行距。

(3) 将正文第一段的段前间距设置为 2 行。

(4) 将正文第二段设置为悬挂缩进 2 字符。

(5) 正文中所有"背影"一词添加灰色-20%底纹。

(6) 插入页眉页脚:页眉内容为"天心",页脚内容为"麦田小草",页眉页脚设置为小五号字、宋体、居中。

(7) 将第三段文字设置为绿色、加下划线(单线)。

(8) 将第四段文字分成两栏。

(9) 插入"传统型提要栏"文本框。

(10) 在文档中插入图片,将图片的环绕方式设置为"紧密型"。

(11) 纸型设置为 A4(21×29.7 厘米),设置上页边距为 2 厘米,下页边距为 3 厘米。

(12) 在文档中添加水印"严禁复制"。

第  章 Excel 电子表格

Excel 2010 是 Office 软件包的重要组件之一，它是一个电子表格数据处理程序，能进行数据搜集、整理、分析和计算，被广泛用于财务、统计、管理、教学和科研等领域。它已经成为有关办公人员的必备工具之一。

4.1 Excel 2010 的基本知识

Office 2010 软件包中 Word、Excel、PowerPoint 组件，有着相似的工作界面，在功能上也有许多共同之处。工作界面都是由标题栏、"文件"按钮、功能区、工作区、状态栏、视图切换区和显示比例缩放区等部分组成，如图 4-1 所示。

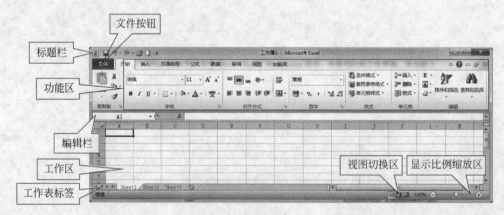

图　4-1

（1）标题栏中从左到右依次为窗口控制菜单、快速访问工具栏、文档标题、窗口控制按钮。

（2）"文件"按钮，包含新建（文档）、打开、保存、关闭、文档信息、打印等功能。

（3）功能区，包含多张功能选项卡，每个选项卡中又包含很多功能按钮。

（4）编辑栏，对 Excel 2010 工作表中的单元格进行编辑。

（5）工作区，由排成行列的众多的长方格组成，这些长方格称为单元格。

（6）工作表标签，工作表的名称，单击表标签可以打开工作表。

（7）视图切换区，可以方便地在普通视图、页面布局和分页预览等不同视图间切换。

Excel 2010 创建的文件统称为工作簿，习惯上也称为工作表。一个工作簿包含一张或多张工作表，最多可以包含 255 张工作表。每张工作表由多个单元格组成，又称为电子表格，是一张二维表。表的列编号又称列标，由字母组成，从 A 开始，最大可以有 $2^{14}=16384$ 列。表的行号从 1 开始，最大可以有 $2^{20}=1048567$ 行。一张工作表最多包含 1048567×16384 个单元格，每个单元格都有列标和行号作为其标识符，即单元格名称，如在 1 行 A 列的单元格的名称为 A1 单元格，A1 也称为单元格地址。

4.1.1 启动与退出 Excel 2010

（1）启动 Excel 2010 和启动 Word 2010 的方法相同，常见的有 3 种方法。

① 使用「开始」菜单

单击「开始」按钮 → "所有程序" → Microsoft Office → Microsoft Excel 2010，启动 Excel。

② 最近使用过 Excel 2010

如果最近使用过 Excel 2010，在"开始"菜单中，Windows 列出用户最近使用过的程序，在其中查找 Microsoft Excel 2010，单击启动。

③ 通过打开已有文档启动

如果计算机中有以前创建的 Excel 2010 工作簿，双击该工作簿，启动 Excel 2010 同时打开该工作簿；也可以通过选中该工作簿，单击鼠标右键，在弹出的快捷菜单中单击"打开"命令，或者单击 Windows 窗口中的"打开"命令打开文档。

（2）退出 Excel 2010 有多种方法，这里介绍常见的 2 种方法。

① 最标准的退出方法："文件" → "退出"，退出 Excel 2010。

② 单击窗口右上角的关闭按钮，或者使用组合键 Alt＋F4，关闭当前文档并退出 Excel 2010。

4.1.2 新建工作簿

工作簿是 Excel 2010 创建的文件的统称，就像 Word 2010 创建的文件统称为文档一样。使用 Excel 2010 处理表格数据，首先要新建一个工作簿。

1. 新建空白工作簿

启动 Excel 2010，系统自动新建一个空白工作簿，默认的文件名为"工作簿 1"，扩展名为 xlsx，通常工作簿中含有 3 张工作表。

2. 新建基于模板的工作簿

用"文件" → "新建"命令，系统推出两类模板，一类是 Excel 2010 内置模板；另一类是 Office.com 模板，这一类模板需要从网络下载，包含的样式更丰富，基本能满足用户的日常工作需要。

4.1.3　保存工作簿

保存工作簿的方法也有很多。如单击快速访问工具栏中的"保存"按钮,或者单击"文件"按钮下拉菜单中的"保存"或"另存为"命令。

1. 保存新建工作簿

单击"文件"→"保存"命令,新建的工作簿保存到系统默认的文件夹:"库"→"文档"中。

已经保存过的工作簿,又有了新修改,或者打开的是原有的工作簿,想保存在原有的位置,直接单击快速保存工具栏中的"保存"按钮即可。

2. 另存工作簿

要改变工作簿的存放路径,将工作簿保存到其他地方,单击"文件"→"另存为"命令,在弹出的"另存为"对话框中,选择存放路径,单击"保存"按钮,如图 4-2 所示。

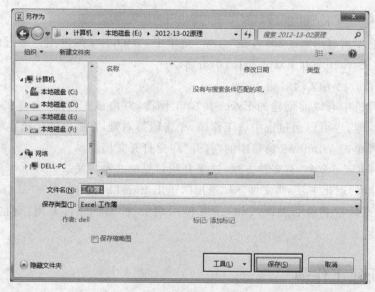

图　4-2

3. 密码保存

在"另存为"对话框中,单击"工具"按钮的小三角,弹出 4 个选项,单击其中的"常规选项",在弹出的对话框中设置打开权限密码或修改权限密码,如图 4-3 所示。

4. 设置自动保存

将系统设置成定时保存工作簿。单击"文件"→"选项",在"Excel 选项"对话框中,单击"保存"按钮。勾选"保存自动恢复信息时间间隔"并填写自己满意的时间,多数人选择 5-10(分钟),最后单击"确定"按钮返回到编辑状态。

5. 关闭工作簿

使用"文件"菜单→"退出"命令,在退出 Excel 2010 的同时将关闭工作簿。如果只需要关闭工作簿而不退出 Excel,可以单击"文件"→"关闭"命令,也可以通过 Excel 2010 窗口右上角的工作簿控制按钮关闭当前工作簿,如图 4-4 所示。

图　4-3

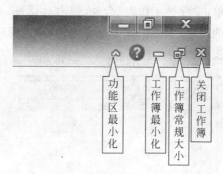

图　4-4

4.2　工作表的基本操作

启动 Excel 2010,系统自动创建一个空白工作簿,其中含有 3 张工作表 Sheet1、Sheet2 和 Sheet3,如图 4-5 所示。Sheet 为默认表标签。

图　4-5

图 4-5 中 Sheet1 为活动工作表。单击表标签,可以激活工作表,原来的活动工作表变为非活动工作表。

1. 插入工作表

* 单击 　 按钮,创建或者说插入一个新工作表。
* 右击表标签,弹出快捷菜单,单击"插入"命令,插入新工作表。

右击表标签,弹出快捷菜单,如图 4-6 所示,快捷菜单包含"插入"、"删除"、"重命名"、"移动或复制"、"查看代码"、"保护工作表"、"工作表标签颜色"、"隐藏"等。

2. 重命名工作表

Excel 默认的工作表名,不利于区分各个工作表。根据工作表的内容为工作表设置一个容易理解记忆的名称,需要使用"重命名"命令。

- 单击"重命名"命令。表标签进入编辑状态,输入新名字。

3. 保护工作表

Excel 工作表中的数据,通常会被多人共用。为了避免重要数据丢失或被篡改,应该对工作表实施保护。

- 单击"保护工作表"命令,弹出对话框,如图 4-7 所示,在"取消保护工作表时使用的密码"下面的文本输入框中输入密码,勾选不需要保护的选项。单击"确定"按钮。

图 4-6

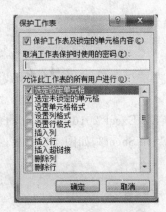

图 4-7

4. 隐藏工作表

- 选中工作表,在右击的快捷菜单中,单击"隐藏"命令,工作表隐藏。
- 选中工作表,在右击的快捷菜单中,单击"取消隐藏"命令,工作表显示出来。系统中不含有隐藏的工作表时,快捷菜单中的"取消隐藏"命令为灰色,不可用。

5. 删除工作表

删除工作表要谨慎。工作表中常常含有数据信息,删除工作表将连带删除表中数据。

- 选中工作表,在右击的快捷菜单中,单击"删除"命令,删除工作表。

6. 工作表标签颜色

为工作表标签设置颜色使我们可以清晰地辨认工作表,如图 4-8 所示,尤其是活动工作表。活动工作表标签颜色转淡。

移动工作表也可以通过按下鼠标左键拖动表标签,拖动到合适的位置松开鼠标。若拖动时按下 Ctrl 键,移动工作表就变为复制工作表。

图 4-8

7. 保护工作簿

Excel 提供对工作簿文件的密码保护，可以设置"打开"和"修改"操作密码。除此之外，用户还可以利用保护工作簿命令限制无关人员查看表中数据。

- 在"文件"按钮的下拉列表命令中，单击"信息"，再单击"保护工作簿"按钮，在出现的下拉列表命令中，可以为现有工作簿添加最终标记，如图 4-9 所示。

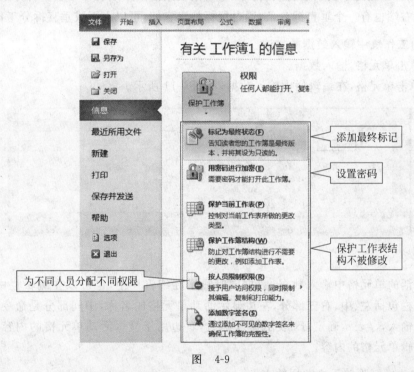

图 4-9

4.3 输 入 数 据

向工作表中输入数据，实际上是在单元格中输入数据，首先要激活要输入数据的单元格。

单元格是工作表的基本单位，单击一个单元格，就可以激活该单元格，如图 4-10 所示，激活的单元格称为活动单元格，或当前单元格。活动单元格边框变为黑粗的框，对应的列标号和行标号底色变为金黄色。任何时刻激活的单元格只有一个。

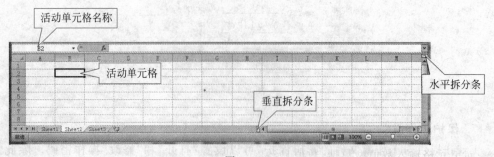

图　4-10

工作区的右边沿有垂直滚动条,右下边沿有水平滚动条,鼠标拖曳水平或垂直滚动条,可以在屏幕上显示其余的行或列。在垂直滚动条的最上端有一个水平拆分条,在水平滚动条的右端也有一个垂直拆分条,通过鼠标拖曳它们,可以水平或垂直拆分工作表。

1. 向工作表中输入数据的方法
- 单击单元格,输入数据。
- 单击单元格,在编辑栏中输入数据,如图 4-11 所示。

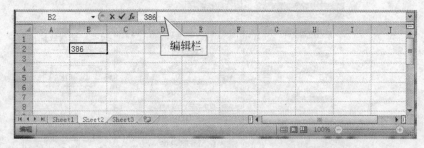

图　4-11

在激活的单元格中输入数据,数据同时显示在编辑栏中,也可以在编辑栏中输入数据。编辑栏包括左、中、右三部分,左边显示活动单元格的名称,中间部分是命令按钮,×表示取消输入,√表示确定,fx 表示插入函数,右边用于显示活动单元格的内容,也可以在其中编辑单元格的内容。

2. 修改或删除单元格数据的方法
- 双击单元格,单元格中出现插入点,修改数据。
- 单击单元格,按 Delete 键,删除单元格的内容。

在 Excel 工作表中有三种数据类型:数值型数据、文字型数据、函数与公式。

4.3.1　数值型数据

数值型数据的种类有很多:

① 普通十进制数,可能带有小数点、正负号、百分号％、千位分隔符和货币符号(￥、$、£)等,如 386、−92.37、43％和￥5,316 等。

② 日期和时间，这是两种特殊的数据。如日期 2013 年 1 月 3 日，常用的输入方式为 2013-1-3，单元格显示为 2013/1/3；时间 12 点 23 分 45 秒输入方式为 12:23:45，显示为 12：23：45，如图 4-12 所示。

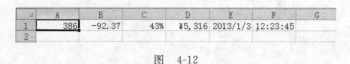

图 4-12

向单元格输入数值型数据，数值自动以右对齐的方式显示。

数值型数据的格式可以修改，利用"开始"选项卡"数字"功能组中的命令，可以修改小数的位数、正负号的表示方法、日期和时间的显示格式、货币格式等，如图 4-13 所示。

图 4-13

- 在单元格中输入数据，如图 4-14(a)所示。选中单元格区域，单击"会计数字格式"按钮，在下拉列表中选择"中文"，数字变成人民币形式，如图 4-14(b)所示，选择"英语"，数字变成英镑，如图 4-14(c)所示。

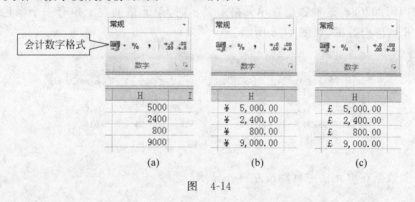

图 4-14

- 在单元格中输入数据：选中这些单元格，单击％按钮，数字以百分比的形式显示；单击，按钮，使用千位分隔符；单击小数位数按钮让我们可以增加或减少小数位数。
- 在单元格中输入数据：选中这些单元格，单击"数字格式"右边的小三角，弹出选择列表，选择自己需要的形式，例如选择百分比％，如图 4-15 所示。

4.3.2　文字型数据

文字型数据指的是不能进行加减乘除运算的数据，如姓名、工作编号、电话号码、商品名称等。文字型数据采用 Unicode 字符编码进行存储，每个字符占用 2 个字节的存储

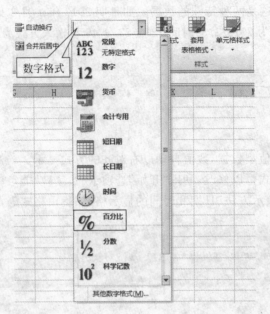

图　4-15

空间。

作为文字型数据输入的数字，如学号 45120208，首先输入一个半角单引号，再输入数据，形式如'45120208。这种数据在单元格中显示时，单元格的左上角有一个绿色小三角，表示属于非数值型数据，如图 4-16 所示。

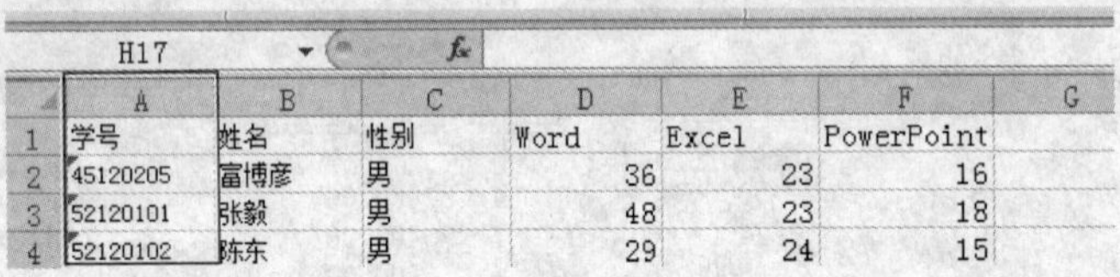

	A	B	C	D	E	F	G
1	学号	姓名	性别	Word	Excel	PowerPoint	
2	45120205	富博彦	男	36	23	16	
3	52120101	张毅	男	48	23	18	
4	52120102	陈东	男	29	24	15	

图　4-16

文字型数据在单元格中自动按左对齐显示。

4.3.3　数据输入方法

向单元格输入数据有从键盘直接输入、从下拉列表中输入、使用填充功能输入等多种方法。

1. 从键盘输入数据

单击单元格，从键盘输入数据，插入点光标在单元格中闪烁，输入的内容同时在单元格和编辑框中显示。

- 数据输入完成后按 Tab 键，继续在右边相邻的单元格输入数据；
- 数据输入完成后按 Enter 键，继续在下边相邻的单元格输入数据。

————————— 计算机应用基础

2. 从下拉列表中输入数据

文字型数据的输入可以使用这种方式,如图 4-17 所示。在活动单元格上右击,弹出快捷菜单,单击"从下拉列表中选择"命令,在当前单元格的下面弹出列表,表中列出该列上面出现过的不重复的所有取值,从中选择一个数值作为该单元格的值。

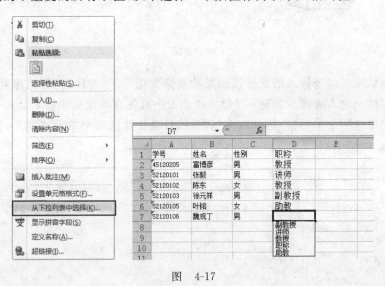

图 4-17

3. 数据填充

在连续若干个单元格内快速输入数据,称为数据填充。如果数值型数据或文字型数据存在某种变化规律,可以利用数据填充功能,在同一行或同一列上进行数据填充,如图 4-18 所示。

- 同时在多个单元格中输入相同数据。选中一个区域,输入数据,如"水果",按 Ctrl ＋Enter 键,如图 4-19 所示。

图 4-18

图 4-19

- 活动单元格带有一个粗黑的边框,边框的右下角是个小黑块,称为填充柄。将鼠标移动到填充柄上,鼠标变为实心的十字,向右拖动鼠标,右侧同一行的单元格填充相同的数据。可以向上、下、左、右四个方向拖动鼠标,为单元格填充相同的数据,如图 4-20 所示。

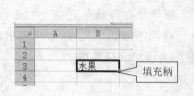

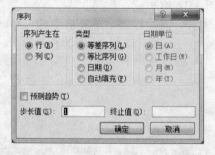

图 4-20

• 序列填充。如果输入的数据按照某种规律变化，如等差序列、等比序列，可以使用序列填充输入数据。如输入 1、3、5、7、9……首先在单元格中输入前 2 个数据 1 和 3，选中这两个单元格，拖动填充柄，系统自动计算这两个单元格的差，按等差序列填充，如图 4-21 所示。

	A	B	C	D	E	F	G	H	I	J
1										
2	42120101	1	2013/1/1	星期一	星期二	星期三	星期四	星期五	星期六	星期日
3	42120102	3	2013/1/2							
4	42120103	5	2013/1/3							
5	42120104	7	2013/1/4							
6	42120105	9	2013/1/5							
7	42120106	11	2013/1/6							
8	42120107	13	2013/1/7							
9	42120108	15	2013/1/8							
10	42120109	17	2013/1/9							
11	42120110	19	2013/1/10							

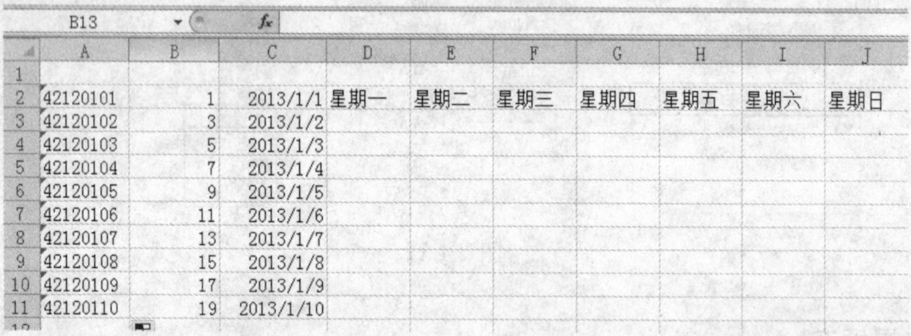

图 4-21

• 序列对话框。首先在单元格中输入第 1 个数据，然后单击"开始"选项卡编辑功能组中的"填充"按钮，弹出"序列"对话框，如图 4-22 所示，在其中选择序列类型，设置步长值，单击"确定"按钮。

图 4-22

4.3.4 数据编辑

数据编辑包括数据修改和删除、数据移动和复制、数据查找等功能。数据编辑之前首先选中数据所在的单元格或单元格区域。单元格区域用"左上角单元格的名称:右下角单元格名称"表示，如"C2:E6"表示左上角单元格为 C2，右下角单元格为 E6 的矩形区域，冒号必须是 ACSII 码形式，如图 4-23 所示。

1. 选择数据区

• 选择一个单元格：单击这个单元格。
• 选择单元格区域：把鼠标移到待选区域的一角，按住鼠标左键移动，选中一块数据区。该区域有粗黑的边框，底色为淡青色。
• 选择多个单元格区域：选中一个单元格区域，按下 Ctrl 键，选择另一块单元格区域。

- 选择整行或整列：单击列的列标，可以选择整个列；单击行的行号，可以选择整个行；若在列标或行号上按下鼠标左键并拖动，可以选择连续若干列或行。
- 选中整个工作表：单击工作表左上角的 ▨，如图 4-24 所示。

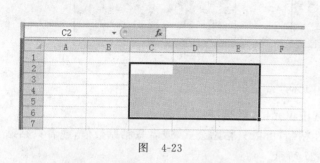

图 4-23　　　　　　　　　　图 4-24

- 取消选择：单击任意单元格取消选择。

2. 修改和删除数据
- 重新输入数据：单击单元格，从键盘上输入数据，新数据覆盖原有的数据。
- 修改数据：双击单元格，插入点光标出现在单元格内，输入的字符插入到单元格内。或者在"编辑栏"右边的编辑框内，修改数据内容。利用 Backspace 键可以删除光标前面的字符，利用 Delete 键可以删除光标后面的字符。

数据输入或修改结束后，按 Tab 或 Enter 键，完成修改并继续修改后面的单元格。

- 删除数据：选中单元格或单元格区域，按 Delete 键删除数据。可以删除整行、整列的数据。按 Delete 键只删除内容，不删除格式和批注，也不删除单元格。这种删除方式也称为清除数据。

Excel 中的单元格，包括的内容很丰富，数据、数据的格式、批注、超链接等，这些内容可以单独清除，也可以单独粘贴。使用"开始"选

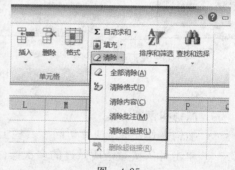

图 4-25

项卡"编辑"功能组中的"清除"命令，可以选择清除单元格的内容，如图 4-25 所示。

3. 移动与复制数据
- 移动数据：选中单元格，剪切，单元格的黑框线变为虚线；移动鼠标找到合适粘贴的位置，粘贴，原来的单元格内容移动到新位置，如图 4-26 所示。用同样的方式可以移动单元格区域的数据。

粘贴单元格区域数据时，只选中区域的左上角就可以执行粘贴命令，数据粘贴在以左上角为左上顶点的与选中数据区同样大小的区域内。

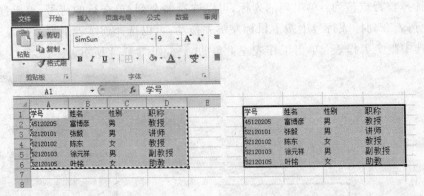

图　4-26

复制数据的过程与上面类似,选中单元格,复制,粘贴。

"粘贴"命令,可以让用户选择性粘贴,可以只粘贴公式,或者只粘贴数值,或者只粘贴格式等,默认按源数据粘贴,如图 4-27 所示。

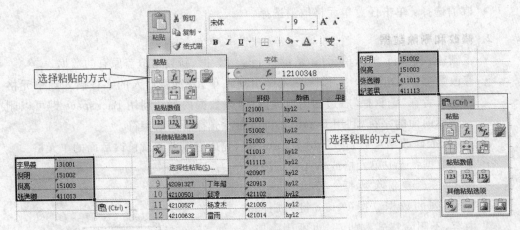

图　4-27

4. 撤销和恢复

- 撤销操作:单击快速访问工具栏上的"撤销"按钮可撤销刚完成的一次操作,多次单击可依次撤销所做过的多次操作,如图 4-28 所示。
- 恢复操作:单击快速访问工具栏上的"恢复"按钮可恢复上一次的操作,多次单击可依次恢复被多次撤销过的操作。

5. 查找和替换

工作表中的数据量非常大,查找数据是经常的事。"开始"选项卡上"编辑"功能组中含有"查找与选择"按钮,如图 4-29 所示,其下拉列表框中有"查找"、"替换"命令。

(1) 查找

- 单击"查找"命令,打开"查找和替换"对话框,如图 4-30 所示,输入查找的内容,如图 4-31 所示。

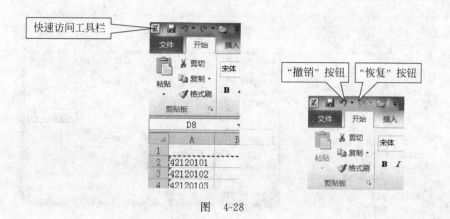

图 4-28

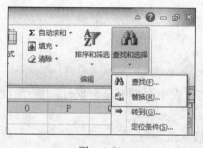

图 4-29

图 4-30

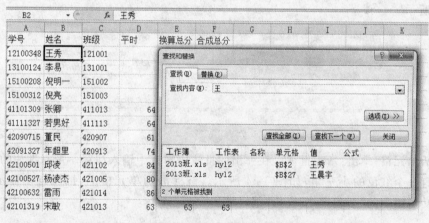

图 4-31

　　单击"查找全部"命令,在对话框中列出查找到的全部信息,并将第一个信息置为活动单元格。单击其他信息,系统立刻跳转到该信息,并激活该单元格。

　　(2)替换

- 单击"替换"选项卡,输入替换的内容,单击"全部替换"按钮,如图 4-32 所示。
- 在"查找和替换"对话框中,单击"选项"按钮,如图 4-32 所示,对查找和替换的内容进一步进行格式和条件设置,可进行精确查找。

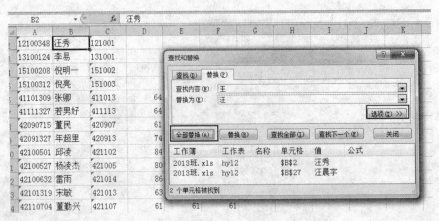

图 4-32

4.3.5 插入批注

批注附加在单元格上,对单元格内容进行注释。工作表中含有大量数据,适当添加批注很有必要。添加批注常用两种方法:

- 激活单元格,右击,在弹出的快捷菜单中选择"插入批注"命令。
- 激活单元格,在"审阅"选项卡"批注"功能组中,单击"新建批注"按钮,如图 4-33 所示。

图 4-33

激活单元格,单击"新建批注",在弹出的批注编辑框中输入注释。带有批注的单元格右上角有一个红色的小三角,如图 4-34 所示。鼠标滑到单元格上,批注自动显示,同时"批注"功能组中的"新建批注"变为"编辑批注"。

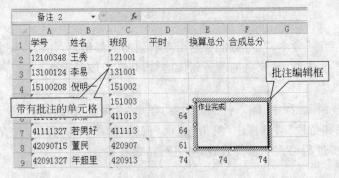

图 4-34

激活带有批注的单元格,"批注"功能组中的命令全部变为有效状态,如图 4-35 所示。单击"编辑批注"按钮,可以编辑批注;单击"上一条"按钮,系统显示前一个批注;单击"下一条"按钮,系统显示后一个批注。还可以"显示所有批注"、"显示/隐藏批注"、"删除"批注。

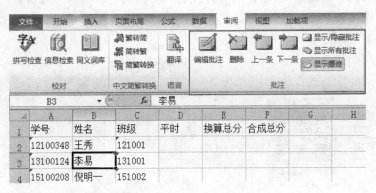

图 4-35

4.4 单元格格式设置

单元格格式指的是单元格内容的格式,如字体、字形、字号、对齐方式等,还包括工作表中行的行高和列的列宽。单元格格式默认为"常规"格式,宋体,常规字形,字号为 12磅,文字型数据左对齐、数值型数据右对齐,字符颜色为自动、无边框,单元格衬底为自动(接近白色)、无图案。设置单元格格式常用的方法有两种:
- 使用"开始"选项卡中的命令;
- 使用"单元格格式"对话框。

4.4.1 "开始"选项卡设置单元格格式

为单元格设置格式,首先要选中单元格或单元格区域。使用"开始"选项卡中的命令,可以方便地快速设置单元格格式,如图 4-36 所示。

图 4-36

1. 字体功能组
- "字体"功能组中的命令用法与 Word 一样,可以设置字体、字形、字号,可以为文字添加边框、为单元格设置背景色、设置文字颜色。这里不再赘述。

2. 对齐功能组

- "对齐方式"功能组中,水平对齐方式有 3 个按钮:靠左、居中、靠右。垂直对齐也有 3 个按钮:靠上、居中、靠下。两个方向上的按钮可以各选一个组合使用,如图 4-37 所示。

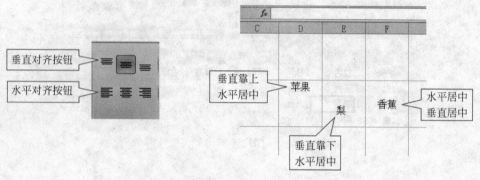

图 4-37

- 单击 ≫ 按钮,设置单元格内容的方向,如图 4-38 所示。

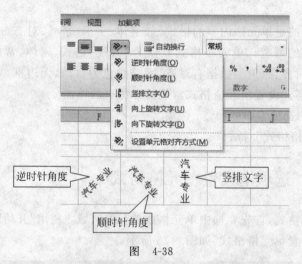

图 4-38

- 受列宽的限制,单元格的内容不能完全显示。单击 自动换行 按钮,单元格内容自动换行,内容全部显示,如图 4-39 所示。单元格的列宽保持不变,行高自动增加。
- "合并后居中"按钮,将选中的多个单元格合并成一个单元格,且内容居中,如图 4-40 所示。

3. 数字功能组

- 在单元格中输入数据,选中这些单元格,单击"会计数字格式"按钮,在下拉列表中选择"中文",数字变成人民币形式,选择"英语",数字变成英镑形式,如图 4-41 所示。

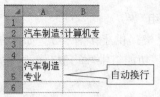

图　4-39

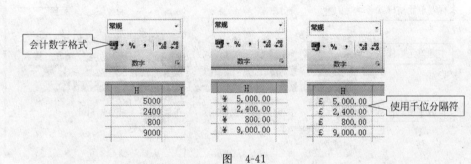

图　4-40

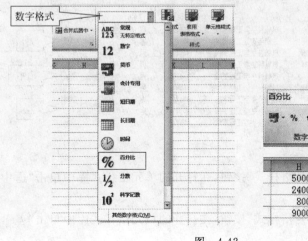

图　4-41

- 在单元格中输入数据,选中这些单元格,单击％按钮,数字以百分比的形式显示;单击,按钮,使用千位分隔符;用两个小数位数按钮可以增加或减少小数位数,如图 4-41 所示。
- 在单元格中输入数据,选中这些单元格,单击"数字格式"右边的下三角按钮,弹出选择列表,选择自己需要的形式,例如选择"百分比％",如图 4-42 所示。

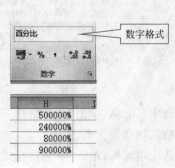

图　4-42

4. 样式功能组

Excel 为单元格提供了多种样式，如标题单元格样式、主题单元格样式、数字格式样式等。单击"样式"功能组中"单元格样式"按钮，打开单元格样式库，如图 4-43 所示。

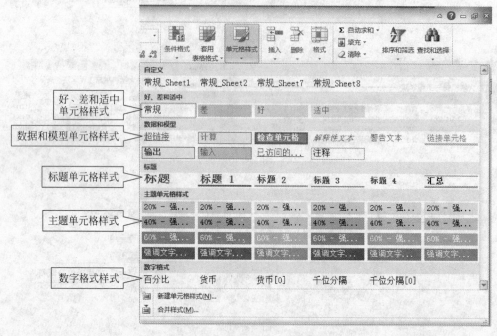

图　4-43

- 选中单元格，单击"单元格样式"按钮，在打开的单元格样式库中单击"好"，单元格底纹变为青绿色，如图 4-44 所示。

图　4-44

- 选中单元格，单击"单元格样式"按钮，在打开的单元格样式库中单击"适中"，单元格底纹变为土黄色。
- 选中单元格，单击"单元格样式"按钮，在打开的单元格样式库中单击"差"，单元格底纹变为粉色。

5. 单元格功能组

- 单击"插入"按钮,弹出下拉列表,可以插入单元格(要选择插入单元格后,活动单元格上移还是下移)、在活动单元格所在行的上方插入工作表行、在活动单元格所在行的左方插入工作表列、插入工作表,如图 4-45 所示。
- 单击"删除"按钮,可以删除单元格、整行或整列,并设置是由"下方单元格上移"来填补空缺还是"右侧单元格左移"来填补空缺。选择"删除工作表行"命令,将删除活动单元格所在行,并且下方的行上移来填补空缺,如图 4-46 所示。

图 4-45　　　　　　　　　　　　　　　　　　图 4-46

- 单击"格式"按钮,可以设置行高和列宽。在弹出的下拉列表中,如图 4-47 所示,选择"行高"命令,在提示框中输入磅值,设置活动单元格所在行的行高;也可以选择"自动调整行高",使行高随着单元格的内容自动调整。

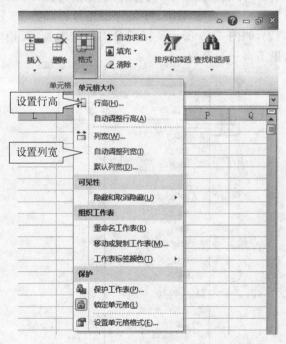

图 4-47

- 选择"列宽"命令,在提示框中输入磅值,设置活动单元格所在列的列宽;也可以选择"自动调整列宽",使列宽随着单元格的内容自动调整。还可以设置默认列宽。

Excel 中不能单独设置某一个单元格的大小，只能设置单元格所在行的行高和所在列的列宽。最简单的设置列宽方法：把鼠标移到列标两侧的分界线上，鼠标变为十字形态，按下鼠标左键移动，注意旁边的宽度数值，达到一定宽度后松开鼠标，如图 4-48 所示。行高也可以通过拖动行的分界线设置。

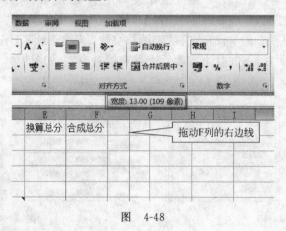

图　4-48

6. 快捷菜单

使用"开始"选项卡中的命令，可以方便快捷地设置单元格格式。

- 激活单元格，右击，弹出快捷菜单。快捷菜单包括两部分：单元格内容的字体、字形、字号等设置按钮，类似于 Word 中的浮动工具栏；另一部分是以下拉列表形式出现的命令列表，如图 4-49 所示。两部分内容基本是"开始"选项卡上最常用命令的组合，这里不再一一介绍。

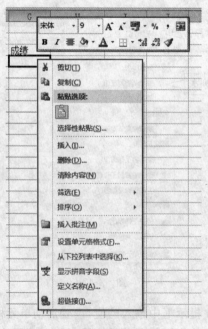

图　4-49

4.4.2 单元格格式对话框

激活单元格,右击,弹出快捷菜单,选择"设置单元格格式"命令,弹出"设置单元格格式"对话框,如图 4-50 所示。"设置单元格格式"对话框包含有 6 个选项卡,其标签分别为"数字"、"对齐"、"字体"、"边框"、"填充"和"保护",单击标签打开选项卡。

图　4-50

1. "数字"选项卡

设置单元格中数值型数据的类型,包括:常规、数值、货币、会计专用、日期、时间、百分比、分数、科学记数、文本等多种数据类型。在右边给出示例和解释性的文字,还有一些需要设置的参数信息。

2. "对齐"选项卡

设置数据在单元格中的对齐方式,包含文本对齐方式、文本控制、文字书写方向等。文本对齐方式有水平和垂直两个方向上的对齐方式,如图 4-51 所示。

- 水平对齐可设置为常规、靠左、居中、靠右,默认为常规方式;
- 垂直对齐可设置为靠上、居中、靠下,默认为居中方式。

文本控制包含 3 个可选项:"自动换行"、"缩小字体填充"及"合并单元格"。

- "自动换行",将较长的文本按照单元格列宽自动换行显示,不占用右边单元格的显示位置。
- "缩小字体填充",压缩字体使较长的文本也能够显示在一个单元格边框内。
- "合并单元格",使选中的多个单元格合并成一个大的单元格。

3. "字体"选项卡

如图 4-52 所示,对数据的字体、字形、字号、颜色、下划线、特殊效果等进行设置。默认为宋体、常规字形、12 字号、自动颜色、无下划线、无特殊效果。

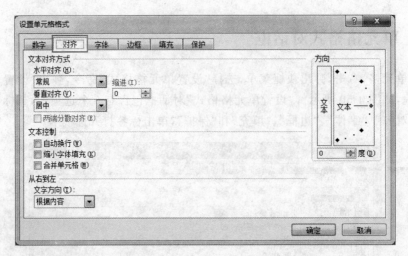

图　4-51

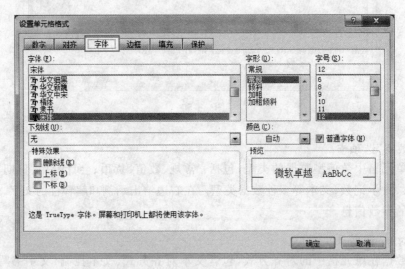

图　4-52

4."边框"选项卡

对选中的单元格或单元格区域内表格边框和边框颜色进行设置,默认为无边框和自动颜色,如图 4-53 所示。

5."填充"选项卡

设置单元格的背景色和图案,如图 4-54 所示,也称为单元格底纹,是为了从视觉上强调数据的重要性。单元格的背景色可以是纯色、渐变色和图案。

- 选中单元格,打开"设置单元格格式"对话框,单击"填充"选项卡按钮,选择图案颜色,之后选择一种图案样式,单击"确定"按钮,如图 4-55 所示。
- 选中单元格,打开"设置单元格格式"对话框,单击"填充"选项卡按钮,选择背景色,之后单击"填充效果"按钮,弹出"填充效果"对话框,选择渐变的颜色,选择底

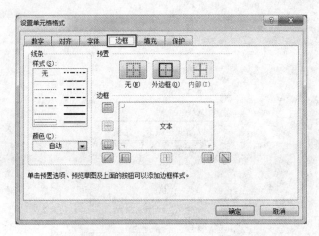

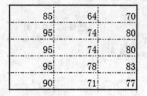

图 4-53

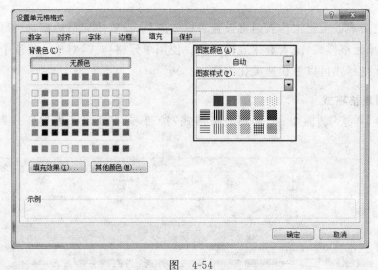

图 4-54

设置红色图案以突出显示单元格

图 4-55

纹样式,单击"确定"按钮,如图 4-56 所示。

4.4.3 美化工作表

对工作表完成数据分析处理之后,可以对工作表的外观进行设置,使表格要表达的内

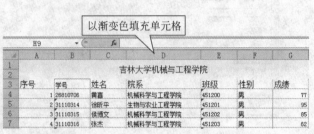

图 4-56

容更清晰、更美观。美化工作表通常设置表标签颜色，设置单元格边框，设置单元格底纹，也可以使用单元格样式，或者套用表格样式。使用单元格样式，对单元格逐个设置样式太麻烦，套用表格样式可以更快速美化表格。

1. 套用表格格式

- 单击"样式"功能组中"套用表格格式"按钮，打开 Excel 内置样式库，如图 4-57 所示。

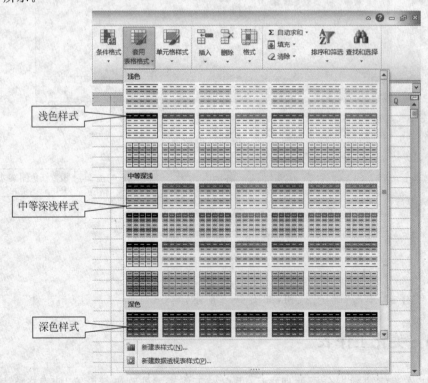

图 4-57

- 打开样式库，选择一种样式，弹出"套用表格式"对话框，选择数据区域，单击"确定"按钮，如图 4-58 所示。

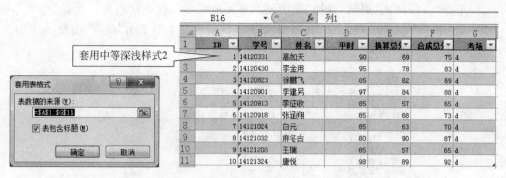

图 4-58

2. 使用条件格式美化表格

为满足条件的单元格设置格式，可以帮助用户直观地查看数据分析的结果。Excel 中常用的突出显示数据的方法有 4 种：突出显示规则、项目选取规则、数据条和图标集，如图 4-59 所示。

- 单击"样式"功能组中"条件格式"按钮，在弹出的下拉列表中选择"突出显示单元格规则"，出现下拉规则列表，如选择"大于"，弹出"大于"对话框，如图 4-60 所示。

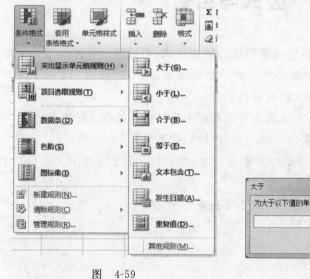

图 4-59

图 4-60

- 在"为大于以下值的单元格设置格式"文本框中输入数据，在"设置为"文本框中选择一种格式。

例如，在学生成绩表中，设置"90 分以上的成绩用红色显示，60 分以下的成绩用黄色显示"：

- 选择数据区，单击"条件格式"按钮，选择"突出显示单元格规则"，在下拉列表中选择"大于",弹出"大于"对话框,输入 90,选择"浅红填充色深红色文本",单击"确定"按钮。

- 单击"条件格式"按钮,选择"突出显示单元格规则",在下拉列表中选择"小于",弹出"小于"对话框,输入 60,选择"黄填充色深黄色文本",单击"确定"按钮,如图 4-61 所示。

	A	B	C	D	E	F
1	姓名	班级	数学	物理	英语	语文
2	李培图	201212	84	45	16	19
3	张锋利	201212	87	60	40	39
4	时敬天	201214	95	85	49	92
5	刘晓梨	201214	82	58	64	54
6	李继存	201213	45	65	68	84
7	李斌汉	201212	56	71	77	63
8	王元利	201213	77	67	79	79
9	徐艳方	201213	93	82	79	80
10	房笛管	201212	72	65	83	80
11	韩启迪	201214	68	97	84	73
12	王德孝	201213	81	70	87	76
13	谭琦整	201212	64	81	92	75
14	孙艳英	201212	76	67	93	85
15						

图　4-61

4.5　公式与函数

在 Excel 中,公式以等号开头,是进行数值计算的表达式,可以进行算术运算和逻辑运算。函数是预定义的公式,可以作为公式中的一个操作数,也可以作为一个公式来使用。参与运算的数据可以是常量、单元格或函数。

公式中的运算符包括算术运算符、比较运算符和文本连接运算符等三种类型。

- 算术运算符:加 ＋、减 －、乘 ＊、除 ／、百分号％、乘幂 ^等。
- 比较运算符:等于 ＝、大于＞、大于等于＞＝、小于＜、小于等于＜＝、不等于＜＞等。
- 文本连接运算符:＆,它把前后两个文本连接成一个文本。

4.5.1　单元格引用

工作表中的每个单元格都有一个唯一的标识,也称为单元格地址,由列标和行号组成,如 C6 就是一个单元格的地址,该单元格处于 C 列、6 行的交汇点。在公式和函数中通过单元格地址使用单元格中的数据,称为单元格引用。

单元格地址可以分为相对地址、绝对地址和混合地址三种。在公式与函数中也称为相对引用、绝对引用和混合引用。

- 相对引用:直接用列标和行号构成的单元格地址,如 C5、G8、K32、M178。

- 绝对引用：分别在列标和行号的前面加上 $ 字符而构成的单元格地址，如 C5、G8、K32、M178。
- 混合引用：列标或行号中有一方采用绝对地址、另一方采用相对地址，如$C5、C5、$G8、G$8、$K32、$M178。

上面 3 种单元格地址引用方式指的是在同一个工作表中。若要引用不同工作表中的单元格，必须说明工作表，这称为三维地址引用。如 Sheet1!A4，表示引用 Sheet1 工作表中的 A 列 4 行的单元格，注意要在工作表名后面加!号。Sheet2!B21表示引用 Sheet2 工作表中的 B 列 21 行的单元格，这是绝对地址表示。

工作表中的矩形区域，用左上角单元格地址和右下角单元格地址，中间加冒号表示，如 A2:E6，表示包含有 5 列、5 行共 25 个单元格的一个矩形区域，如图 4-62 所示。又如 E3:E9 表示该区域同在 E 列中，行号从 3 到 9 共 7 个单元格的区域。

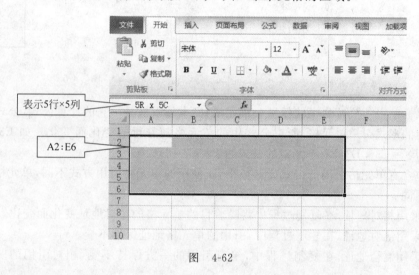

图　4-62

4.5.2　输入公式

Excel 中，在一个单元格中输入公式时，同时在单元格和编辑栏的文本编辑框里显示出来。输入结束按 Tab 或 Enter 键，或单击编辑栏中的√按钮。公式输入结束后，在单元格中只显示公式计算的结果，不显示公式。再次激活此单元格，单元格中显示公式计算的值，文本编辑框中显示公式。

- 如图 4-63 所示，计算钢笔的总价，总价＝单价＊数量，单击 E2 单元格，输入＝，单击 C2 单元格，输入＊，单击 D2 单元格，回车，钢笔的总价计算完成，如图 4-64 所示。其他项的总价可以通过拖动填充柄复制完成。
- 单击 E2 单元格，向下拖动填充柄到 E7 单元格，松开鼠标，复制完成。每项的总价都计算完成，如图 4-65 所示。

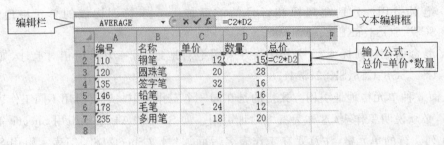

图　4-63

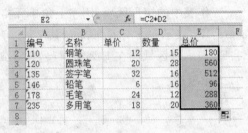

图　4-64　　　　　　　　　　　　　图　4-65

用鼠标单击"总价"列中的任一个单元格,文本编辑框显示它的计算公式,公式中利用相对引用的形式引用单元格,所以公式中的单元格随着行的变化而变化。如 E3 单元格的公式为:＝C3 * D3,E7 单元格的公式为:＝C7 * D7。

在包含有单元格引用的公式或函数中,所使用的单元格引用方式不同,单元格复制的效果也不同。

- 采用相对地址,在复制过程中将随着目的单元格的相对地址变化而变化。
- 采用绝对地址,在复制过程中,引用的单元格地址保持不变。
- 采用混合地址,在复制过程中,绝对引用的一方保持不变,相对引用的一方相对变化。

值得注意的是:对含有公式的单元格进行"剪切"和"粘贴"操作,公式中行或列的相对地址不随目的单元格地址的变化而变化。

4.5.3　插入函数

Excel 2010 内置有丰富的函数,利用函数对工作表中的数据进行计算,十分方便。"公式"选项卡的"函数库"功能组中,对 Excel 内置的函数按功能分类,如图 4-66 所示。下面以学生成绩统计为例说明函数的应用。

1. 计算总成绩

- 单击 J2 单元格,单击"自动求和"按钮,在下拉列表中选择"求和",系统显示估算的求和源数据区(C2:I2)参数,我们应该对数据区参数进行核对检查,如果正确,按 Enter 键,王萍的总成绩计算完成。如果参数不对,就自己选择数据源,如图 4-67 所示。

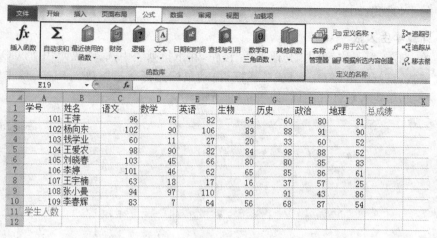

图 4-66

	A	B	C	D	E	F	G	H	I	J	K	L
1	学号	姓名	语文	数学	英语	生物	历史	政治	地理	总成绩		
2	101	王萍	96	75	82	54	60	80	81	=SUM(C2:I2)		
3	102	杨向东	102	90	106	89	88	91	90			
4	103	钱学业	60	11	27	20	33	60	52			
5	104	王爱农	98	90	82	84	98	88	52			
6	105	刘晓春	103	45	66	80	80	85	83			
7	106	李婷	101	46	62	65	85	86	61			
8	107	王宇楠	63	18	17	16	37	57	25			
9	108	张小曼	94	97	110	90	91	43	86			
10	109	李春辉	83	7	64	56	68	87	54			
11	学生人数											

系统估算的参数

图 4-67

- 单击 J2 单元格,向下拖动填充柄到 J10 单元格,松开鼠标,所有同学的总成绩计算完成。

2. 计算平均成绩

- 单击 K2 单元格,单击"自动求和"按钮,在下拉列表中选择"平均值",系统显示估算的源数据区(C2:J2)参数,对数据区参数进行核对检查,发现参数不对,自己拖动鼠标选择数据源(C2:I2),然后按 Enter 键,王萍的平均成绩计算完成,如图 4-68 所示。

	A	B	C	D	E	F	G	H	I	J	K	L	M
1	学号	姓名	语文	数学	英语	生物	历史	政治	地理	总成绩	平均成绩		
2	101	王萍	96	75	82	54	60	80	81	528	=AVERAGE(C2:I2)		
3	102	杨向东	102	90	106	89	88	91	90	656	AVERAGE(number1, [number2], ...)		
4	103	钱学业	60	11	27	20	33	60	52	263			
5	104	王爱农	98	90	82	84	98	88	52	592			
6	105	刘晓春	103	45	66	80	80	85	83	542			
7	106	李婷	101	46	62	65	85	86	61	506			
8	107	王宇楠	63	18	17	16	37	57	25	233			
9	108	张小曼	94	97	110	90	91	43	86	611			
10	109	李春辉	83	7	64	56	68	87	54	419			
11	学生人数												

图 4-68

- 单击 K2 单元格,向下拖动填充柄到 K10 单元格,松开鼠标,就可以得到所有同学的平均成绩。

3. 计算学生人数

- 单击 B11 单元格，单击"其他函数"按钮，在下拉列表中选择"统计"中的 COUNTA 函数，系统弹出"函数参数"对话框，拖动鼠标选择数据源（B2：B10），单击"确定"按钮，学生人数计算完成，如图 4-69 所示。

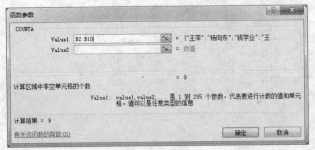

图　4-69

4. "插入函数"按钮

单击"公式"选项卡中的"插入函数"按钮，弹出"插入函数"对话框，如图 4-70 所示，在"选择类别"文本框中，函数按功能分为：常用函数、全部、财务、日期与时间、数学与三角函数等类别。根据需求选择类别，在"选择函数"列表框中显示该类别包含的所有函数，选择合适的函数，单击"确定"按钮，之后的处理与前面介绍的过程相同，这里不再赘述。

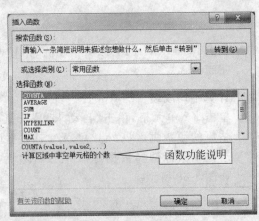

图　4-70

在"选择类别"文本框中选择"全部"，在"选择函数"列表框中列出 Excel 内置的所有函数，按字母顺序排序。

选中一个函数，会在对话框下部出现它的简单功能说明，可以帮助我们理解函数。

- 编辑栏中，含有"插入函数"按钮，如图 4-71 所示，单击它，弹出"插入函数"对话框。

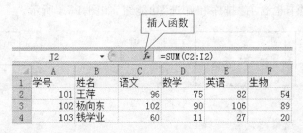

图 4-71

5. Excel 中的部分函数

Excel 中的部分函数如表 4-1 所示。

表 4-1

函数名	类别	功能说明
AVERAGE(x)	统计	求出所选区域中一组数值的算术平均值
COUNT(x)	统计	求出所选区域中包含数字的单元格个数
COUNTA(x)	统计	求出所选区域中非空单元格的个数
COUNTIF(x)	统计	计算所选区域中满足指定条件的单元格个数
MAX(x)	统计	求出所选区域中一组数值的最大值
MIN(x)	统计	求出所选区域中一组数值的最小值
SUM(x)	数值计算	求出所选区域中一组数值之和
IF(x,y,z)	逻辑	当表示条件的 x 为真时执行 y 操作,否则执行 z 操作

工作表中的单元格常常包含"数值"、"数值格式"、"公式"、"批注"、"超链接"等各种属性,复制这样的单元格或单元格区域,可以进行选择性粘贴,如只粘贴数值,或者只粘贴格式等。

4.6 数据处理

Excel 数据处理是指对电子数据表格进行数据排序、筛选和分类汇总。启动排序和筛选有如下两种方式。

• "开始"选项卡"编辑"功能组中有"排序和筛选"按钮,如图 4-72 所示。

图 4-72

- "数据"选项卡也含有"排序和筛选"功能组,如图 4-73 所示。

图　4-73

4.6.1　数据排序

数据排序,首先要确定排序依据,即排序关键字。排序关键字可以有一个,也可以有多个。比如,在学生成绩表中,以数学为依据对学生成绩排序。

1. 升序排序

- 在"数学"列中,单击任一单元格,单击"开始"选项卡"编辑"功能组中的"排序和筛选"按钮,在下拉列表中选择"升序"命令。成绩表中的顺序按照数学成绩的高低重新排列,如图 4-74 所示。

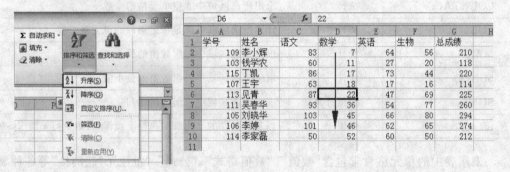

图　4-74

2. 降序排序

- 在"总成绩"列中,单击任一单元格,单击"开始"选项卡"编辑"功能组中的"排序和筛选"按钮,在下拉列表中选择"降序"命令。成绩表中的顺序按照总成绩的高低重新排列,如图 4-75 所示。

	A	B	C	D	E	F	G	H
1	学号	姓名	语文	数学	英语	生物	总成绩	
2	105	刘晓华	103	45	66	80	294	
3	106	李婷	101	46	62	65	274	
4	111	吴春华	93	36	54	77	260	
5	113	见青	87	22	47	69	225	
6	115	丁凯	86	17	73	44	220	
7	114	李家磊	50	52	60	50	212	
8	109	李小辉	83	7	64	56	210	
9	103	钱学农	60	11	27	20	118	
10	107	王宇	63	18	17	16	114	
11								

图　4-75

——————— 计算机应用基础

3. 自定义排序

- 在需要排序的数据区域中,单击任一单元格,单击"开始"选项卡"编辑"功能组中的"排序和筛选"按钮,在下拉列表中选择"自定义排序"命令。弹出"排序"对话框,选择主要关键字为"总成绩",排序依据为"数值",次序为"升序",如图 4-76 所示。

图　4-76

- 单击"添加条件"按钮,增加一个排序的次要关键字。选择次要关键字为"期末成绩",排序依据为"数值",次序为"升序",如图 4-77 所示。

	A	B	C	D	E
1					
2	班级	姓名	平时成绩	期末成绩	总成绩
3	28120118	李湛天	84	50	60
4	28120115	牛富博	85	67	81
5	28120203	田大要	95	75	81
6	28120212	程天龙	98	86	90
7	28120215	王文会	90	72	90
8	20120105	叶铭议	98	88	90
9	20120206	张如意	98	100	99
10					

图　4-77

成绩表首先按照总成绩的高低排序,总成绩相同时再按照期末成绩排序。次要关键字可以有多个。

4.6.2　数据筛选

数据筛选是从数据表中筛选出符合一定条件的记录。Excel 中有两种筛选方法,"自动筛选"和"高级筛选"。下面以学生成绩单为例说明它们的使用方法。

1. 自动筛选

- 在需要筛选的数据区域中,单击任一单元格,单击"数据"选项卡"排序和筛选"功能组中的"筛选"按钮。这时,在每一列标题右边都出现一个小三角按钮,进入筛选状态,如图 4-78 所示。

	A	B	C	D	E	F	G
1	姓名	年龄	数学	物理	英语	语文	
2	王元利	13	77	67	79	79	
3	徐艳方	13	93	82	79	65	
4	王德孝	13	81	70	87	76	
5	李继存	13	45	65	68	84	
6	时敬天	14	65	85	49	92	
7	韩启迪	14	68	97	84	73	
8	刘晓梨	14	82	58	64	54	
9	房笛管	13	72	65	83	80	
10	谭琦整	13	64	81	92	75	
11	张锋利	13	87	60	40	39	
12	李培图	13	84	45	16	19	
13	李斌汉	13	56	71	77	63	
14	孙艳英	13	76	67	93	85	
15							

图 4-78

- 如图 4-79(a)所示,选择筛选依据的列,单击它旁边的小三角按钮,弹出一个下拉菜单,选择"数据筛选"命令,弹出的下拉列表中含有筛选的条件,选择合适的条件,弹出"自定义自动筛选方式"对话框,如图 4-79(b)所示,输入条件,单击"确定"按钮,筛选完成。

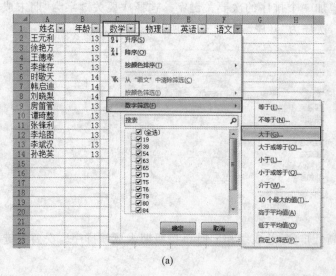
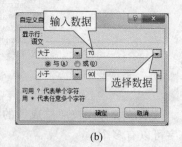

(a)   (b)

图 4-79

  筛选条件可以设置一个或两个。若是两个条件都必须满足,单击"与";如果两个条件满足一个即可,单击"或"。

2. 自动筛选数学成绩大于 70 并且小于 95 的学生

- 在需要筛选的数据区域中,单击任一单元格,单击"数据"选项卡"排序和筛选"功能组中的"筛选"按钮,在每一列标题右边都出现一个小三角按钮,如图 4-80 所示。
- 单击"数学"右边的小三角按钮,在打开的下拉菜单中选择"数据筛选"命令,弹出下拉列表,选择"大于"选项,弹出"自定义自动筛选方式"对话框,在条件的第一行

计算机应用基础

	A	B	C	D	E	F
1	姓名	班级	数学	物理	英语	语文
2	时敬天	201214	95	85	49	92
3	徐艳方	201213	93	82	79	80
4	张锋利	201212	87	60	40	39
5	李培图	201212	84	45	16	19
6	刘晓梨	201214	82	58	64	54
7	王德孝	201213	81	70	87	76
8	王元利	201213	77	67	79	79
9	孙艳英	201212	76	67	93	85
10	房笛管	201212	72	65	83	80
11	韩启迪	201214	68	97	84	73
12	谭琦整	201212	64	81	92	75
13	李斌汉	201212	56	71	77	63
14	李继存	201213	45	65	68	84

图 4-80

中输入 70，选择“与”；在条件的第二行中选择“小于”，输入 95，单击“确定”按钮，筛选出数学成绩大于 70 并且小于 95 的所有学生的成绩，筛选结果如图 4-81 所示。

筛选标志

	A	B	C	D	E	F
1	姓名	班级	数学	物理	英语	语文
3	徐艳方	201213	93	82	79	80
4	张锋利	201212	87	60	40	39
5	李培图	201212	84	45	16	19
6	刘晓梨	201214	82	58	64	54
7	王德孝	201213	81	70	87	76
8	王元利	201213	77	67	79	79
9	孙艳英	201212	76	67	93	85
10	房笛管	201212	72	65	83	80
15						

图 4-81

- 单击“排序和筛选”功能组中的“筛选”按钮，数据表取消筛选状态。

3. 筛选出物理成绩为 65 的学生。

- 在需要筛选的数据区域中，单击任一单元格，单击“数据”选项卡“排序和筛选”功能组中的“筛选”按钮，在每一列标题右边都出现一个小三角按钮。
- 单击“物理”右边的小三角按钮，在打开的下拉菜单中单击“全选”，取消全选状态，重新勾选 65，如图 4-82 所示，单击“确定”按钮，筛选出物理成绩等于 65 的所有学生的成绩，如图 4-83 所示。
- 单击“排序和筛选”功能组中的“筛选”按钮，数据表取消筛选状态。

4. 高级筛选

自动筛选只能用于筛选条件比较简单的情况，若条件比较复杂则需要进行高级筛选。在进行高级筛选前，首先要在数据表之外的空白位置处建立进行筛选的条件区域。筛选条件通常包含标题行和条件区。

(1) 在学生成绩表中，筛选物理成绩大于等于 80 分并且数学成绩大于等于 90 分，同时要求语文成绩不小于 80 分的同学。

图 4-82

	A	B	C	D	E	F
1	姓名	年龄	数学	物理	英语	语文
5	李继存	13	45	65	68	84
9	房笛管	13	72	65	83	80

图 4-83

- 按要求设置条件区域,如图 4-84 所示。源数据的标题行复制下来,在数学列中输入≥=90,物理列中输入≥=80,在语文列中输入≥=80,三个条件都是必要条件,所以放在同一行上。

	A	B	C	D	E	F
1	姓名	年龄	数学	物理	英语	语文
2	王元利	13	77	67	79	79
3	徐艳方	13	93	82	79	80
4	王德孝	13	81	70	87	76
5	李继存	13	45	65	68	84
6	时敬天	14	95	85	49	92
7	韩启迪	14	68	97	84	73
8	刘晓梨	14	82	58	64	54
9	房笛管	13	72	65	83	80
10	谭琦整	13	64	81	92	75
11	张锋利	13	87	60	40	39
12	李培图	13	84	45	16	19
13	李斌汉	13	56	71	77	63
14	孙艳英	13	76	67	93	85
15						
16	姓名	年龄	数学	物理	英语	语文
17			>=90	>=80		>=80
18						

筛选之前设置的条件区域

图 4-84

- 激活源数据区任一单元格。在"数据"选项卡"排序和筛选"功能组中,单击"高级"按钮,弹出"高级筛选"对话框,如图 4-85 所示。
- 在"高级筛选"对话框中,"列表区域"文本框中出现系统估算的源数据区域,仔细检查是否正确,若不正确,需自己选择源数据区。
- 单击"条件区域"文本框,在工作表中选择我们已经设置好的条件数据区,单击"确定"按钮,筛选完成,如图 4-86 所示。

在设置条件时,如果各个条件都是必须满足的,即条件之间是逻辑与的关系,这些条

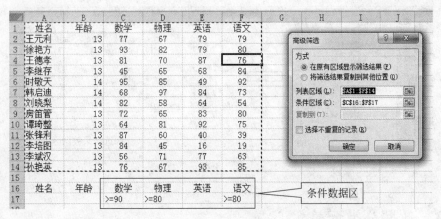

图 4-85

姓名	年龄	数学	物理	英语	语文
徐艳方	13	93	82	79	80
时敬天	14	95	85	49	92

图 4-86

件应该设在同一行上。如果多个条件中只要满足其中一个即可,即条件之间是逻辑或的关系,就将它们设在不同行上。

筛选结果可以"在原有区域显示筛选结果",筛选结果将覆盖源数据区域;也可以"将筛选结果复制到其他位置",这时需要在"复制到"文本框中输入结果数据区地址。

(2)在学生成绩表中,筛选出物理成绩大于 80 分,或者数学成绩大于 90 分的同学,或者语文成绩不小于 80 分的同学。

- 按要求设置条件区域。源数据的标题行复制下来,在数学列中输入>90,在物理列中输入>80,在语文列中输入>=80,三个条件放在不同行上,如图 4-87 所示。

姓名	年龄	数学	物理	英语	语文
		>90			
			>80		
					>=80

图 4-87

- 激活源数据区任一单元格,单击"高级"按钮,弹出"高级筛选"对话框,在"方式"区域中选择"将筛选结果复制到其他位置";在"列表区域"文本框中出现系统估算的源数据区域,仔细检查是否正确,若不正确,需自己选择源数据区。
- 单击"条件区域"文本框,在工作表中选择条件数据区。
- 在"复制到"文本框中输入结果数据区地址,单击"确定"按钮,筛选完成,筛选结果如图 4-88 所示。
- 单击"排序和筛选"功能组中的"筛选"按钮,数据表取消筛选状态。

图 4-88

4.6.3 数据分类汇总

数据的分类汇总是指将表格中数据按类别进行小计或合计,帮助用户快速获取各项数据总合,分析数据。实施分类汇总之前,数据表首先进行排序,即对数据分类。在"数据"选项卡"分级显示"功能组中,含有"分类汇总"命令,如图 4-89 所示。

希望汇总哪一类数据,首先以此为依据排序。在学生成绩表中,希望知道各个班级的学习成绩,首先以班级为依据排序。

* 单击"班级"列中任一单元格,单击"升序"按钮,如图 4-90 所示。

图 4-89   图 4-90

* 单击"分类汇总"按钮,弹出分类汇总对话框,在"分类字段"下拉列表框中选择分类的字段"班级";在"汇总方式"下拉列表框中选择汇总方式"平均值";在"选定汇总项"中勾选"数学"、"物理"、"英语"、"语文",如图 4-91 所示。单击"确定"按钮。
* 分类汇总的结果如图 4-92 所示。
汇总方式常用的有求和、计数、平均值、最大值、最小值、乘积等。
* 取消分类汇总。单击"分类汇总"按钮,弹出分类汇总对话框,单击"全部删除"按钮。

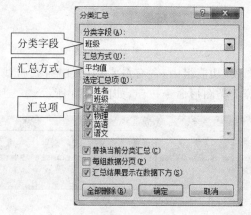

图 4-91

1 2 3		A	B	C	D	E	F
	1	姓名	班级	数学	物理	英语	语文
	2	李培图	201212	84	45	16	19
	3	张锋利	201212	87	60	40	39
	4	房笛管	201212	72	65	83	80
	5	孙艳英	201212	76	67	93	85
	6	李斌汉	201212	56	71	77	63
	7	谭琦整	201212	64	81	92	75
	8		201212 平均值	73	65	67	60
	9	李继存	201213	45	65	68	84
	10	王元利	201213	77	67	79	79
	11	王德孝	201213	81	70	87	76
	12	徐艳方	201213	93	82	79	80
	13		201213 平均值	74	71	78	80
	14	刘晓梨	201214	82	58	64	54
	15	时敬天	201214	95	85	49	92
	16	韩启迪	201214	68	97	84	73
	17		201214 平均值	82	80	66	73
	18		总计平均值	75	70	70	69
	19						

图 4-92

4.7 图　　表

将工作表中的数据以图的形式表示出来,可以更加直观地分析数据之间的关系、数据的变化趋势等特性,Excel 中把这种图称为图表。数据表是图表的数据源,当工作表中的数据被修改,图表也随之变化。

图表是二维图形,通常用 x 轴表示可区分的对象,如学生成绩表中的"学生姓名"、职工工资表中的"职工编号"、汽车销量表中的"汽车型号"。用 y 轴表示对象所具有的某种或某些属性值的大小,如"分数高低"、"收入多少"、"销量"等。因此,常称 x 轴为分类轴,y轴为数值轴。

图表主要由图表区和绘图区组成,图表区也称为图表背景区。绘图区包括图表标题、网格线、分类轴、数值轴、数据系列和图例等组成部分。

4.7.1 创建图表

"插入"选项卡的"图表"功能组中,含有最常用的柱形图、折线图、饼图、条形图、面积图、散点图和其他图表等7类图形命令按钮,如图4-93所示。

图 4-93

单击对话框启动钮,弹出"插入图表"对话框。其中包含 Excel 2010 提供的所有图表类型及其图表样式,如图4-94所示。

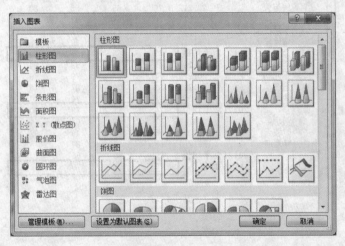

图 4-94

1. 柱形图

柱形图用于比较数据表中每个对象同一属性值的大小。每个对象对应图表中的一簇不同颜色的矩形块,所有簇中的同一颜色的矩形块属于数据表中的同一属性,如"物理成绩"、"工资"、"1月份销量"等。

- 如为一个学生成绩表创建柱形图。拖动鼠标选择姓名数据区,按下 Ctrl 键,拖动鼠标选择物理、数学、英语、语文成绩数据区,如图4-95所示。
- 单击"图表"功能组中的"柱形图"按钮,弹出下拉列表,单击"簇状柱形图"(下拉列表中的第一个),如图4-96所示。图表创建完成,如图4-97所示。

2. 折线图

通常用折线图来反映一个参数随时间变化的趋势。如某个产品一年中的销售量变

	A	B	C	D	E	F
1	姓名	班级	数学	物理	英语	语文
2	李培图	201212	84	45	16	19
3	张锋利	201212	87	60	40	39
4	时敬天	201214	95	85	49	92
5	刘晓梨	201214	82	58	64	54
6	李继存	201213	45	65	68	84
7	李斌汉	201212	56	71	77	63
8						

图　4-95

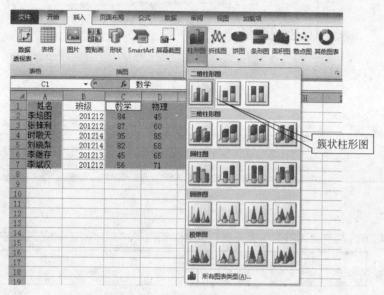

图　4-96

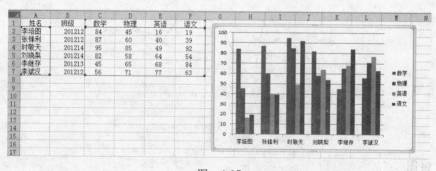

图　4-97

化。折线图包含有7个子类型,常用的有折线图、堆积折线图、数据点折线图等,如图4-98
所示。

- 如为一个公司家电销量表创建折线图。拖动鼠标选择数据区,如图4-99所示。
- 单击"图表"功能组中的"折线图"按钮,弹出下拉列表,单击"折线图"(下拉列表中
的第一个)。图表创建完成,如图4-100所示。

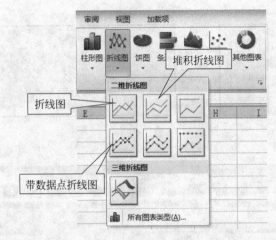

图 4-98

	A	B	C	D	E	F	G	H	I	J	K	L	M
1	商品	1月	2月	3月	4月	5月	6月	7月	8月	9月	10月	11月	12月
2	电视	580	890	109	208	330	410	360	390	379	450	560	601
3	冰箱	109	210	220	143	489	687	750	820	801	600	340	230
4	洗衣机	320	430	354	238	311	243	324	290	278	265	223	321
5	空调	540	460	560	340	370	387	588	798	986	897	640	520

图 4-99

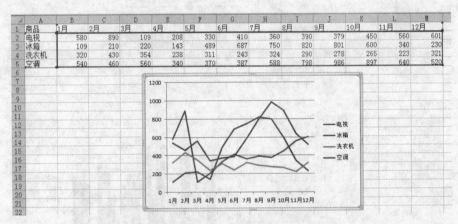

图 4-100

3. 饼图

通常用饼图来反映同一属性中的每个值占总值的比例。它由若干个扇形块所组成,扇形块之间用不同颜色区分,扇形块面积的大小反映数值的大小和在整个饼图中的比例。

饼图的子类型有 6 种,常用的有饼图、分离型饼图、三维饼图等,如图 4-101 所示。

* 如为一个公司各类家电销售情况表创建饼图。拖动鼠标选择数据区,如图 4-102 所示。

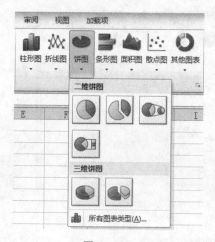

图 4-101

	A	B	C	D	E	F
1			西麦公司家电销售情况表			
2	商品	1季度	2季度	3季度	4季度	全年
3	电视	580	890	109	208	1787
4	冰箱	109	210	220	143	682
5	洗衣机	320	430	354	238	1342
6	空调	540	460	560	340	1900
7						

图 4-102

- 单击"图表"功能组中的"饼图"按钮,弹出下拉列表,单击"饼图"(下拉列表中的第一个)。图表创建完成,如图 4-103 所示。

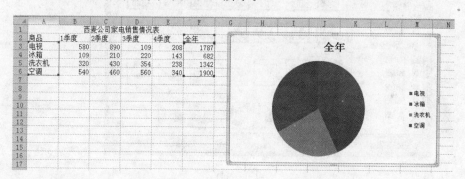

图 4-103

4. 删除图表

选择图表,单击图表的边框,按 Delete 键。

注意:图表和数据表是紧密相连的,是数据信息的不同表现形式,当表中数据发生变化时,图表跟随数据表而变化。

4.7.2 编辑图表

Excel 2010 创建图表时,系统自动弹出"图表工具"大选项卡,其中包含"设计"、"布局"、"格式"三张小选项卡,如图 4-104 所示。

1. 更改图表类型

- 单击西麦公司家电销量饼图,单击"设计"选项卡,单击"更改图表类型"按钮,弹出"更改图表类型"对话框,如图 4-105 所示。

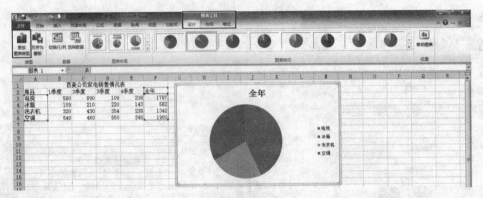

图 4-104

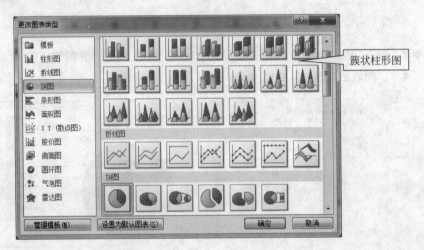

图 4-105

- 在列出的图表类型中,选择图表样式,如簇状柱形图,单击"确定"按钮,创建西麦
  公司全年家电销量柱形图,如图4-106所示。

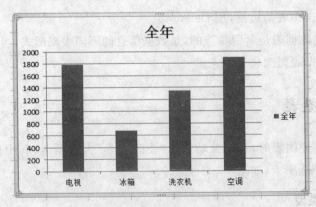

图 4-106

2. 图表布局

- 单击西麦公司家电销量饼图，单击"设计"选项卡，在"图表布局"功能组中，单击"布局1"，单击"布局2"，根据自己的喜好在"图表样式"功能组中选择样式，如图4-107所示。

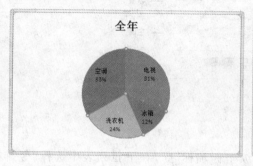

图 4-107

3. 添加图表元素

Excel 2010 图表中元素包括：图表标题、图表标签、坐标轴、图例、网格线、绘图区等，这些元素都可以添加或删除。

- 单击"新宇公司家电销量折线图"，单击"布局"选项卡，利用其中的命令修改图表的元素，如图4-108所示。

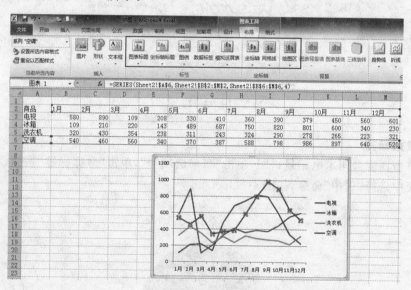

图 4-108

4. 添加图表标题

- 单击"图表标题"按钮，在下拉列表中选择"图表上方"命令，在绘图区上方出现"图表标题"文本编辑框，输入"新宇公司全年家电销量图"，设置字体格式，如图4-109所示。

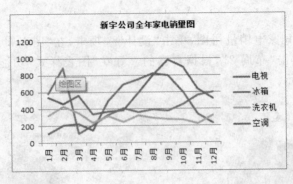

图 4-109

5. 坐标轴标题

- 单击"坐标轴标题"按钮,选择"主要纵坐标轴标题",在下拉列表中选择"竖排标题"命令,在绘图区左方出现"坐标轴标题"文本编辑框,输入"销量",设置字体格式,如图 4-110 所示。

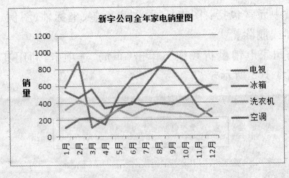

图 4-110

6. 数据标签

- 单击西麦公司家电销量饼图,单击"布局选项卡",单击"数据标签"按钮,在下拉列表中选择"居中"命令,如图 4-111 所示。

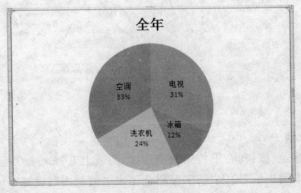

图 4-111

4.8　打印工作表

工作表编辑完成后,可以将其输出打印。打印工作表前要设置纸张大小、方向、页边距、打印区域等,如图 4-112 所示。

图　4-112

1. 设置打印区域

- 按下鼠标左键拖动,选择打印区域。打开"页面布局"选项卡,单击"打印区域"按钮,在下拉列表中选择"设置打印区域"。虚线表示右边的区域超出纸张大小,如图 4-113 所示。

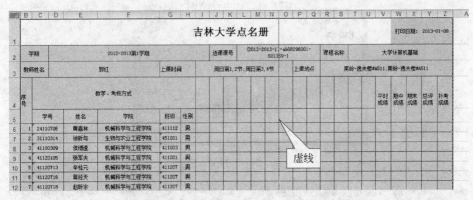

图　4-113

- 合理设置纸张大小、纸张方向、页边距,使虚线右边的区域进入虚线内,如图 4-114 所示。

2. 打印标题

- 单击"打印标题"按钮,弹出"页面设置"对话框,单击"顶端标题行"编辑框,在数据表中选择出现在每页顶端的数据表标题区域,使得列标题出现在每一页上,如图 4-115 所示。

3. 设置页眉页脚

- 单击"页眉页脚"选项卡按钮,设置页眉、页码、页脚、日期、时间、文件名等文件信息。
- 单击"打印预览"命令按钮,系统自动打开"文件"菜单中的打印命令,查看打印效果,如图 4-116 所示。

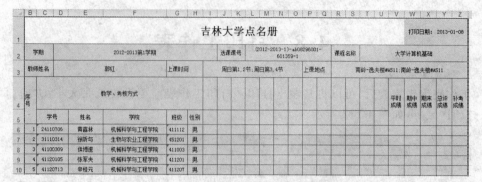

图 4-114

图 4-115

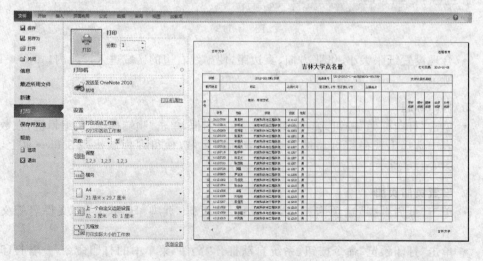

图 4-116

• 单击"打印"按钮,打印工作表。

图表通常作为工作表的一个对象,页面设置、打印预览、打印等操作都是针对整个工作表(包括图表)进行。

4.9 操 作 自 测

1. 完成以下操作:

(1) 在 D 盘 user 文件夹下建立一个工作簿文件,并命名其中的一个工作表为"数据填充";

(2) 试采用数据的填充功能分别填充 A3:A30、B3:B30 和 C3:C30 区域。A3:A30 区域填充数据"星期一~星期日",B3:B30 区域填充数据"10101~10128",C3:C30 区域填充日期数据"2013 年 10 月 15 日到 2013 年 11 月 11 日"。

2. 如图 4-117 所示,将表格中的数据完成下列操作:

(1) 计算各学生的总分、平均分;

(2) 按平均分升序排列所有记录;

(3) 用 A15 单元格统计出学生人数;

(4) 将 sheet1 工作表更名为"2012 班";

(5) 用 Max() 函数求出各门课程的最高分;

(6) 用 Min() 函数求各门课程的最低分和总分的最低分;

(7) 利用自动筛选功能筛选出总成绩≥320 分的所有人的信息;

(8) 利用自动筛选功能筛选出平均分最高的前 8 条记录,并将筛选结果复制到 Sheet2 工作表中(从单元格 A1 位置起存放);

(9) 通过条件格式设置,当平均分大于 75 时采用蓝色显示,小于 60 时用红色显示;

(10) 将学生的姓名和各科成绩用簇状柱形图表示出来存放到 sheet1 中。

	A	B	C	D	E	F	G	H
1	姓名	班级	数学	物理	英语	语文	总成绩	平均分
2	李培图	201212	84	45	16	19		
3	刘晓梨	201214	82	58	64	54		
4	张锋利	201212	87	60	40	39		
5	李继存	201213	45	65	68	84		
6	房笛管	201212	72	65	83	80		
7	王元利	201213	77	67	79	79		
8	孙艳英	201212	76	67	93	85		
9	王德孝	201213	81	70	87	76		
10	李斌汉	201212	56	71	77	63		
11	谭琦整	201212	84	81	92	75		
12	徐艳方	201213	93	82	79	80		
13	时敬天	201214	95	85	89	92		
14	韩启迪	201214	68	97	84	73		
15								
16								
17								

图 4-117

第  章 PowerPoint 演示文稿

PowerPoint 是制作与播放演示文稿的软件，应用于多媒体教学、会议讲演和展览等许多领域，是人们进行信息发布、学术探讨、产品介绍等多媒体信息交流的有效工具。

5.1 PowerPoint 2010 的基本知识

Office 2010 软件包中 PowerPoint 组件，与 Word、Excel 组件有着相似的工作界面，在功能上也有许多共同之处。工作界面都是由标题栏、"文件"按钮、功能区、工作区、状态栏、视图切换区和显示比例缩放区等部分组成，如图 5-1 所示。

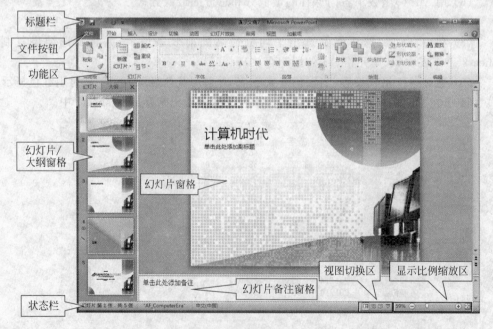

图　5-1

（1）标题栏，从左到右依次为窗口控制菜单、快速访问工具栏、文档标题、窗口控制按钮。

（2）"文件"按钮，包含新建（文档）、打开、保存、关闭、文档信息、打印等功能。

（3）功能区，包含多张功能选项卡，每个选项卡中包含很多功能按钮。

（4）幻灯片/大纲窗格，包含两个选项卡。"幻灯片"选项卡中含有演示文稿中每张幻灯片的缩略图；"大纲"选项卡中含有演示文稿中每张幻灯片中的文字内容。

（5）幻灯片窗格，编辑幻灯片。

（6）幻灯片备注窗格，当前幻灯片的备注说明。

（7）视图切换区，可以方便地在普通视图、幻灯片浏览视图、阅读视图和放映视图之间切换。

（8）显示比例缩放区，滑动滑块，放大或缩小工作区的显示比例。

5.1.1 启动与退出 PowerPoint 2010

（1）启动 PowerPoint 2010，常见的方法有 3 种。

① 使用「开始」菜单

单击「开始」按钮→"所有程序"→Microsoft Office→Microsoft PowerPoint 2010，启动 PowerPoint。

② 最近使用过 PowerPoint 2010

如果最近使用过 PowerPoint 2010，单击「开始」按钮时，Windows 列出用户最近使用过的程序，在其中查找 Microsoft PowerPoint 2010，单击启动。

③ 通过启动已有文档

如果计算机中有以前创建的 PowerPoint 2010 演示文稿，在该演示文稿上右击，在弹出的快捷菜单中单击"打开"命令。或者直接双击该演示文稿，或者单击 Windows 窗口中的"打开"命令。

（2）退出 PowerPoint 2010 有多种方法，这里介绍常见的 2 种方法。

① 最标准的退出方法："文件"→"退出"。

② 单击窗口右上角的关闭按钮，或者使用组合键 Alt＋F4，关闭当前文档并退出 PowerPoint 2010。

5.1.2 新建演示文稿

演示文稿是 PowerPoint 2010 创建的文件的统称，就像 Excel 2010 创建的文件统称为工作簿一样。

1. 新建空白演示文稿

启动 PowerPoint 2010 系统自动新建一个演示文稿，默认的文件名为"演示文稿 1"，扩展名为 pptx，通常演示文稿中含有 1 张标题幻灯片，如图 5-2 所示。

2. 新建基于模板的演示文稿

"文件"→"新建"命令，系统推出两类模板，一类是 PowerPoint 2010 内置模板；另一

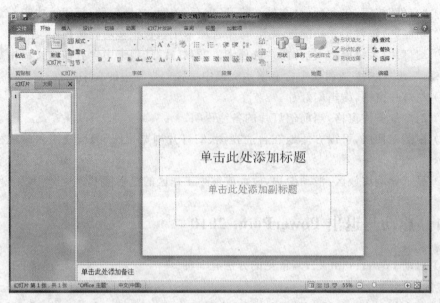

图 5-2

类是 Office.com 模板,需要从网络下载,这一类包含的模板更丰富。这些模板基本满足用户的日常工作需要。

5.1.3 保存演示文稿

保存演示文稿的方法也有很多。如单击快速访问工具栏中的"保存"按钮,或者"文件"按钮下拉菜单中的"保存"或"另存为"命令。

1. 保存新建演示文稿

- 单击"文件"→"保存"命令,弹出"另存为"对话框,默认路径为"库"→"文档",单击"保存"命令按钮。
- 已经保存过的演示文稿,又有了新修改,或者打开的是原有的演示文稿,想保存在原有的位置,直接单击快速访问工具栏中的"保存"按钮即可,如图 5-3 所示。

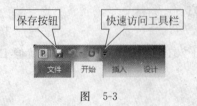

图 5-3

2. 另存演示文稿

要改变演示文稿的存放路径,或将演示文稿以另外的文件名保存,单击"文件"→"另存为"命令,在弹出的"另存为"对话框中,选择存放路径,输入文件名称,单击"保存"按钮,如图 5-4 所示。

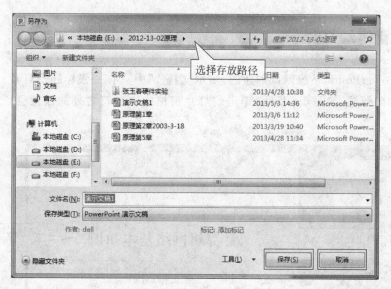

图 5-4

3. 密码保存

在"另存为"对话框中,单击"工具"按钮的小三角,弹出 4 个选项,单击其中的"常规选项",在弹出的对话框中设置打开权限密码,或修改权限密码,如图 5-5 所示。

4. 设置自动保存

将系统设置成定时保存演示文稿。单击"文件"→"选项",在"PowerPoint 选项"对话框中,单击"保存"命令,勾选"保存自动恢复信息时间间隔"并填写自己满意的时间,多数人选择 5—10(分钟),最后单击"确定"按钮返回到编辑状态。

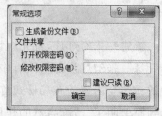

图 5-5

5. 关闭演示文稿

退出 PowerPoint 2010 的同时也关闭演示文稿。如果只需要关闭演示文稿而不退出 PowerPoint,可以单击"文件"→"关闭"命令。

5.2 制作幻灯片

一个 PowerPoint 演示文稿由多张幻灯片组成,每一张幻灯片都要经过设计、制作才能完成,所有幻灯片都制作完成,演示文稿也就制作完成了。

一张幻灯片中可以包含有文字、图片、表格、图形、动画、视频、音频、动作按钮等元素,制作幻灯片的过程就是添加这些元素的过程。幻灯片中的每个元素均可以进行选择、组合、添加、删除、复制、移动、设置动画效果、设置动作等操作。

5.2.1　新建幻灯片

启动 PowerPoint,系统默认创建的"演示文稿 1"中只有一张标题幻灯片。根据提示输入标题和副标题,如图 5-6 所示,单击幻灯片窗格中占位符之外的任意位置,结束文字编辑状态。

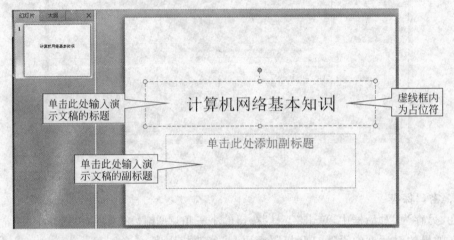

图　5-6

新建一张幻灯片,首先应该为它选择版式。

每一张幻灯片都应该有中心内容,因此,通常一张幻灯片含有标题和内容两项。幻灯片的标题与内容的布局形式称为幻灯片版式,一个合适的版式对幻灯片内容的诠释可以起到简单明了、清晰自然的作用。PowerPoint 内置有多种版式,如图 5-7 所示,这些版式已经被多数人所接受。

1. 新建幻灯片

- 在"开始"选项卡的幻灯片功能组中,单击"新建幻灯片"按钮,演示文稿中就出现一张新建的幻灯片,幻灯片继承前一张的版式(标题幻灯片除外)。
- 单击"新建幻灯片"按钮的小三角,在展开的幻灯片版式库中选择一款,单击它,就新建了一张具有指定版式的幻灯片,如图 5-8 所示。
- 在幻灯片/大纲窗格中,单击选中一张幻灯片,按 Enter 键,系统在该幻灯片的后面插入一张新幻灯片,新幻灯片的版式与上一张相同。

使用 PowerPoint 中的模板创建的演示文稿中,单击"新建幻灯片"按钮的小三角,弹出该模板携带的幻灯片版式,不同模板携带的版式不完全相同。如果对 PowerPoint 中的版式不满意,创建新幻灯片时可以选择"空白"版式,在上面由自己设计版式。

2. 删除幻灯片

- 在幻灯片/大纲窗格中,单击要删除的幻灯片,按 Delete 键。

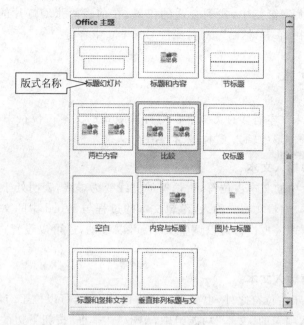

图　5-7

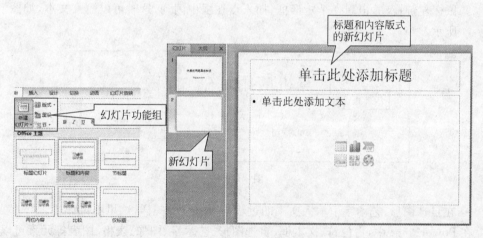

图　5-8

3. 复制幻灯片

- 在幻灯片/大纲窗格中，单击要复制的幻灯片，在"开始"选项卡中，单击"复制"按钮，或 Ctrl＋C 组合键。
- 在幻灯片/大纲窗格中，找到合适的位置，在前后两张幻灯片的中间单击，在"开始"选项卡中，单击"粘贴"按钮，或按 Ctrl＋V 组合键。

4. 移动幻灯片

- 在幻灯片/大纲窗格中，单击要移动的幻灯片，按"剪切"按钮，或按 Ctrl＋X 组合键。

- 在幻灯片/大纲窗格中，找到合适的位置，在前后两张幻灯片的中间单击，在"开始"选项卡中，单击"粘贴"按钮，或按 Ctrl＋V 组合键。

5.2.2　输入文本

在幻灯片中输入文本有多种方式：在幻灯片版式的文本占位符中输入文本、在文本框中输入文本、自选图形中输入文本、艺术字中输入文本。

1. 在占位符中输入文本

- 单击幻灯片中的文本占位符，占位符的框线变为虚线，表明处于文本编辑状态，可以输入文本、编辑文本。输入、编辑文本的过程与 Word 中的文本编辑过程一样，这里不再详述。占位符可以调整大小、可以移动，还可以设置占位符边框框线的形式和颜色。

2. 使用文本框输入文本

文本框可以位于占位符之外，也可以位于占位符之上，可以位于幻灯片的任何地方。

- 在"插入"选项卡的"文本"功能组中，单击"文本框"按钮下边的小三角，弹出下拉列表，选择横排还是竖排文本框，单击它，然后将鼠标滑动到幻灯片的上面，按下鼠标左键拖动，出现一个矩形框，插入点在框中闪动，这时可以输入文本，如图 5-9 所示。

图　5-9

- 在自选图形、艺术字中输入文本的过程与 Word 中一样，这里不再详述。

在 PowerPoint 中，占位符、文本框、自选图形、艺术字、图像、表格、图表等元素可以叠加在一起，分别处于不同的层，通过设置动画效果，放映幻灯片时可以一层一层地显示。

5.2.3　插入图片、图形、表格等元素

1. 插入图片

在"插入"选项卡的"图像"功能组中，含有插入"图片"、"剪贴画"、"屏幕截图"的命令按钮，如图 5-10 所示。利用它们可以插入图片、剪贴画和屏幕截图，插入的过程与 Word 一样。

在部分幻灯片版式中，内容占位符中含有插入表格、图表、SmartArt 图形、图片、剪贴画、媒体剪辑等元素的按钮，如图 5-11 所示。

图 5-10

图 5-11

2. 插入表格、自选图形、图表、SmartArt 图形

在"插入"选项卡中,单击"表格"按钮可以快速插入表格,单击"表格"下方的小三角,弹出下拉列表命令,可以通过绘制表格的方法在幻灯片中插入表格;还可以插入 Excel 表格。在 PowerPoint 中插入表格、自选图形、图表、SmartArt 图形的过程与 Word 一样,如图 5-12 所示。

图 5-12

5.2.4 插入声音、影片、Flash 动画

在幻灯片中可以插入音乐、旁白、原声摘要,以增强演示文稿的感染力。在进行演讲时,可以将音频设置为自动开始播放、鼠标单击播放或跨幻灯片播放,甚至可以循环播放。

1. 插入音乐

- 在"插入"选项卡的"媒体"功能组中,单击"音频"按钮,弹出"插入音频"对话框,选择一个音频文件,单击"插入"按钮,幻灯片中出现一个音频图标:喇叭,如图 5-13 所示。

图 5-13

- 单击喇叭,喇叭的四周出现一个框线,拖动框线可以移动音频图标到合适的位置。在喇叭的下方有一个播放器,单击播放按钮可以测试音频效果。

在"插入"选项卡的"媒体"功能组中,单击"音频"按钮下边的小三角,弹出下拉列表命令,使用这些命令可以在幻灯片中插入"文件中的音频"、"剪贴画音频"和"录制音频"。剪贴画音频就是剪贴画库中的音频文件,与插入剪贴画的过程一样。当用户为演示文稿添加解说旁白时,使用"录制音频"命令,如图 5-14 所示。

图 5-14

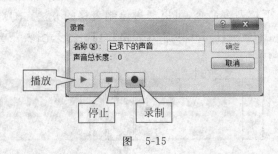

图 5-15

2. 插入旁白

- 单击"录制音频"按钮,弹出录音机,单击"录制"按钮,开始录音,单击"停止"按钮,停止录音,单击"确定"按钮,录制的音频文件插入到幻灯片中,如图 5-15 所示。

3. 播放音频

在幻灯片中单击音频图标"喇叭",系统弹出"音频工具"大选项卡,其中包含"格式"、"播放"两个选项卡。"格式"选项卡对音频图标的外观进行设置,"播放"选项卡对音频进行格式设置,如图 5-16 所示。

图 5-16

- 单击"剪辑音频"按钮,弹出"剪辑音频"对话框,如图 5-17 所示。拖动绿色(图中为浅色)标记剪辑音乐的开始部分,拖动红色(图中为深色)标记剪辑结束部分,单击"确定"按钮编辑完成。
- 在"播放"选项卡中,单击"开始"命令旁边的小三角,弹出下拉列表,设置音频的播放方式。选择"自动",音频将在放映幻灯片时自动播放;选择"单击时",将在放映幻灯片时,通过单击音频图标播放音频;选择"跨幻灯片播放",音频将在多张幻灯片放映的过程中播放音频,如图 5-18 所示。
- 在"播放"选项卡中,还可以勾选"循环播放,直到停止"和"播完返回开头"。

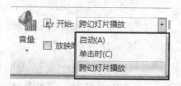

图 5-17   图 5-18

4. 插入视频

- 在"插入"选项卡的"媒体"功能组中,单击"视频"按钮下的小三角,弹出下拉命令列表。单击"文件中的视频"弹出"插入视频文件"对话框,选择视频文件,单击"插入"按钮,如图 5-19 所示。

图 5-19

- 单击"来自网站的视频"命令,插入已上载到网站的视频。单击"剪贴画视频"命令,插入剪贴画库中的视频。

5. 设置视频格式

在演示文稿中插入的视频,都是以图片的形式出现在幻灯片中,可以像设置图片格式一样设置视频的格式。

- 单击视频,系统弹出"视频工具"大选项卡,它包含"格式"、"播放"两张选项卡,如图 5-20 所示。

图 5-20

- 单击"格式"选项卡标签,直接在视频样式库中选择应用一款视频样式。也可以自己设置视频格式,在"调整"功能组中"更正"命令的下拉列表库中,为视频选择合适亮度和对比度;在"颜色"命令的下拉列表库中,选择一款着色方案,对视频的整体色彩重新着色;还可以对视频图像应用特殊效果,对视频边框设置格式,设置视频窗口的大小等。
  - 为视频做一个精美的封面。单击"标牌框架",在弹出的下拉列表中单击"文件中的图像",弹出"插入图片"对话框,选择图片,单击"插入"按钮,将此图片作为视频未播放时的显示状态,如图 5-21 所示。

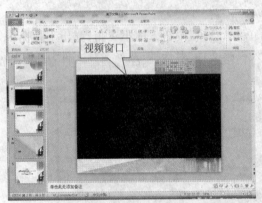

图　5-21

- "视频工具"中的"播放"选项卡的功能和用法与"音频工具"中的"播放"一样。利用这些命令可以"剪裁视频"、"添加书签"控制播放进度、设置视频播放时的音量、设置幻灯片放映时播放视频的方式等,如图 5-22 所示。

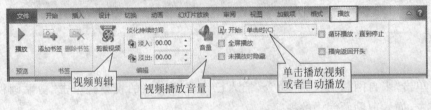

图　5-22

5.2.5　幻灯片视图方式

PowerPoint 提供了 5 种视图方式:普通视图、幻灯片浏览视图、备注页视图、阅读视图和幻灯片放映视图。视图间的切换有两种方法:一种是通过"视图"选项卡中,"演示文稿视图"功能组中的命令;另一种是通过状态栏中的视图切换按钮,如图 5-23 所示。

1. 普通视图

普通视图是主要的幻灯片编辑视图,用于逐张设计、制作幻灯片。该视图有三个工作

图 5-23

区域：左侧为"幻灯片/大纲"窗格；中间为幻灯片窗格；下部为备注窗格。通常幻灯片窗格占用大部分显示区域，备注窗格占用小一点的显示区域。拖动窗格分界边框线可以调整各个窗格的大小，如图 5-24 所示。

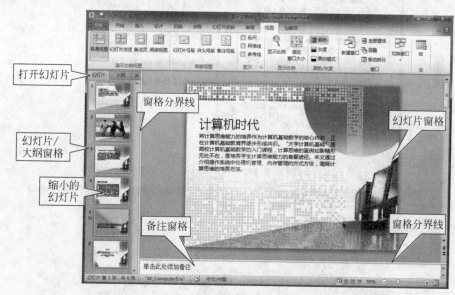

图 5-24

在"幻灯片/大纲"窗格的"幻灯片"选项卡中，幻灯片以缩略图形式显示，可以插入、删除、移动、复制幻灯片。

在"幻灯片/大纲"窗格的"大纲"选项卡中，可以输入文本，设置文本格式；在文本内容上右击，在弹出的快捷菜单中单击"折叠"或"展开"命令，可以将幻灯片内容折叠或展开，而只显示标题，如图 5-25 所示；在此还可以插入、删除、移动、复制幻灯片。

幻灯片窗格：显示当前幻灯片的大视图，是添加、编辑幻灯片元素的主要操作平台。

备注窗格：添加与当前幻灯片内容相关的备注说明，并且在放映演示文稿时可以将它们打印成演讲参考资料。

2. 幻灯片浏览视图

幻灯片浏览视图以幻灯片缩略图形式按顺序排列显示，如图 5-26 所示。在此可以重新排列幻灯片的顺序，可以添加或删除幻灯片，更换幻灯片主题，预览幻灯片切换效果等。

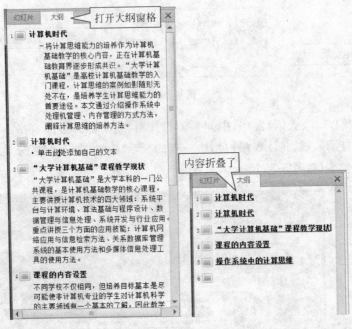

图　5-25

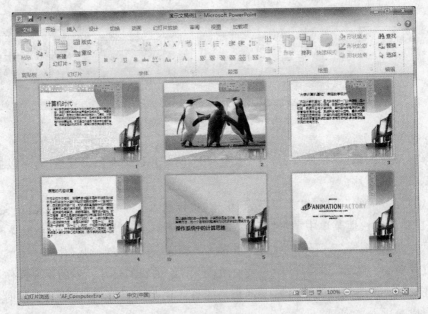

图　5-26

3. 阅读视图

阅读视图类似幻灯片放映视图,如图 5-27 所示,用于通过计算机查看演示文稿,并且不使用全屏放映方式。单击 Esc 键结束这种显示方式。

图 5-27

4. 幻灯片放映视图

幻灯片放映视图占据整个计算机屏幕,在此视图中,幻灯片中的元素及元素的动画效果都完全展示出来。在幻灯片放映时也有许多交互式操作,可以调用绘图笔(Ctrl+P),也可以擦除绘图笔迹(Ctrl+E),如图 5-28 所示;还可以使用动作按钮,进入超链接等操作。

图 5-28

5. 备注页视图

保存当前幻灯片的备注说明。可以将备注打印出来作为演示文稿放映时的参考资料。在"视图"选项卡中的"演示文稿视图"组中单击"备注页"按钮,可以以整页的格式查看和使用备注。

5.3 演示文稿主题

为了简单方便快速地统一演示文稿的风格,系统提供了一组已经设置好字体、色彩和效果的选择方案,称为主题。

5.3.1 演示文稿主题的设置

在"设计"选项卡的"主题"功能组中,单击一款主题,如"波形",如图 5-29 所示。稍后,演示文稿中所有的幻灯片都应用"波形"主题样式,如图 5-30 所示。

图 5-29

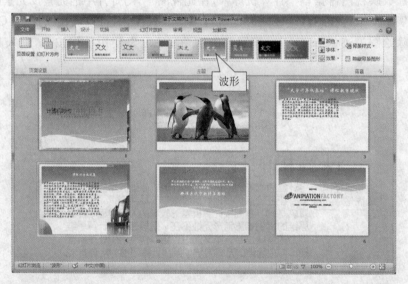

图 5-30

- 单击"快翻"按钮,展开系统内置的主题样式库,如图 5-31 所示。鼠标滑动到任意主题上,稍后,在主题下方显示主题名称。鼠标单击主题,演示文稿应用该主题。
- 单击"颜色、字体、效果"旁边的小三角,可以对应用主题的颜色、字体和效果进行微调,如图 5-32 所示。

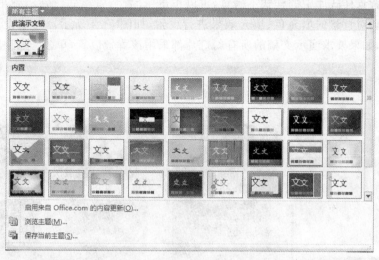

图 5-31

图 5-32

5.3.2 幻灯片背景

在"设计"选项卡的"背景"功能组中,单击"背景样式",展开背景样式库。鼠标滑动到背景样式上时,当前幻灯片的背景就随之改变。单击一种样式,演示文稿中所有的幻灯片都应用该样式,如图 5-33 所示。

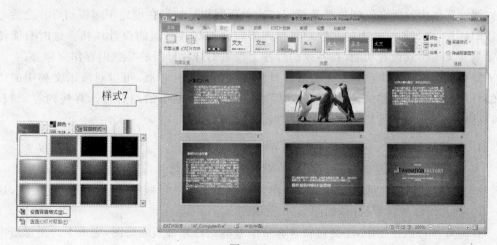

图 5-33

如果对背景样式库中的样式不满意,可以单击"设置背景格式"命令,弹出"设置背景格式"对话框,对背景的填充色、填充效果进行设置,如图 5-34 所示。这些设置只对当前幻灯片有效,如果要求演示文稿的所有幻灯片都采用该背景设置,单击"全部应用"按钮。

图　5-34

5.4　幻灯片母版

　　幻灯片母版是演示文稿中所有幻灯片的模板,它控制着除标题幻灯片以外的所有幻灯片的格式。模板上的信息包含背景、颜色、字体、效果、占位符大小和位置。幻灯片母版的类型包括:幻灯片母版、讲义母版和备注母版。

　　最好在创建一张幻灯片之前创建幻灯片母版,不应该在创建了幻灯片之后再创建母版。演示文稿中的所有幻灯片都基于幻灯片母版制作。如果在创建了多张幻灯片之后才创建幻灯片母版,幻灯片上的某些项目可能不符合幻灯片母版的设计风格。这时只能使用背景和文本格式设置功能,在各张幻灯片上覆盖幻灯片母版的某些内容作为弥补。

　　每个演示文稿至少包含一个幻灯片母版。使用幻灯片母版,可以对演示文稿中的每张幻灯片进行统一的样式更改,包括以后添加到演示文稿中的幻灯片。有些内容,如日期、页脚、幻灯片编号等只能在幻灯片母版上添加修改。

1. 幻灯片母版

* 在"视图"选项卡的"母版视图"功能组中,单击"幻灯片母版"命令。系统功能区自动弹出"幻灯片母版"选项卡,工作区显示出幻灯片母版和母版中使用的版式,这称为幻灯片母版视图,如图 5-35 所示。

　　在幻灯片母版视图中,左侧窗格含有带编号的幻灯片母版缩略图,它的下边是母版中含有的版式的缩略图,包括幻灯片标题版式、标题和内容版式、节标题、两栏内容等 11 种

——————计算机应用基础

图 5-35

版式。通过"幻灯片母版"选项卡,可以设计新母版、修改已有的母版。如果修改母版中占位符的字符格式和段落格式,幻灯片中的字符格式和段落格式随之变化;删除幻灯片母版上的占位符,幻灯片上的相应区域就会失去该预留格式的控制。母版的任何变化都会反映到幻灯片上。

2. 插入日期时间、页脚和幻灯片编号

要使每张幻灯片都出现相同元素,可在母版中插入该元素。通过幻灯片母版插入的对象,不能在幻灯片状态下编辑。

- 在幻灯片母版视图中,单击"幻灯片母版缩略图",在右侧的窗格中,出现幻灯片母版的大视图。
- 打开"插入"选项卡,单击"页眉页脚"命令,弹出"页眉页脚"对话框,如图 5-36 所示,勾选"日期和时间"复选框,选择自动更新,在下拉列表框中选择日期和时间的显示方式;勾选"幻灯片编号"复选框;勾选"页脚"复选框,在文本框中输入页脚内容,如"吉林大学网络教育学院"。单击"全部应用"按钮,效果如图 5-37 所示。

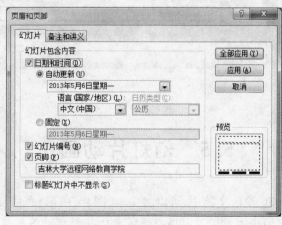

图 5-36

图　5-37

- 打开"幻灯片母版"选项卡,单击"关闭幻灯片母版"按钮系统回到幻灯片编辑状态,幻灯片中出现母版中的设置,如图 5-38 所示。

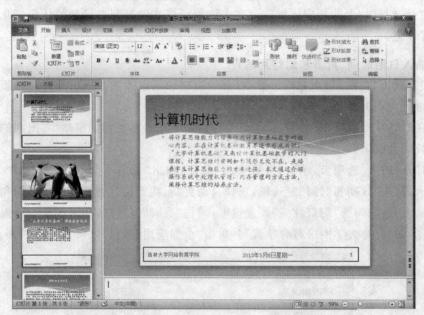

图　5-38

5.5　幻灯片动画

在 PowerPoint 2010 演示文稿中,可以将文本、图片、图形、表格、SmartArt 图形等对象制作成动画,赋予它们进入、退出、大小或颜色变化甚至移动等视觉效果。可以单独使用一种动画,也可以将多种动画效果组合在一起。

PowerPoint 2010 中有 4 种类型的动画效果。

- "进入"效果:可以使对象逐渐淡入焦点、从边缘飞入幻灯片或者跳入视图中。
- "退出"效果:这些效果包括使对象飞出幻灯片、从视图中消失或者从幻灯片旋出。
- "强调"效果:这些效果的示例包括使对象缩小或放大、更改颜色或沿着其中心旋转。
- "动作路径"效果:对象或文本沿着指定的路径运动。

5.5.1 添加动画

"进入"动画,是指在幻灯片放映时幻灯片上的对象进入屏幕时的动作,如图 5-39 所示。

图 5-39

- 单击选中幻灯片中的对象,如标题、内容文本等,打开"动画"选项卡,在"动画"功能组中选择一款,如"浮入",马上看到动画效果,如图 5-40 所示。

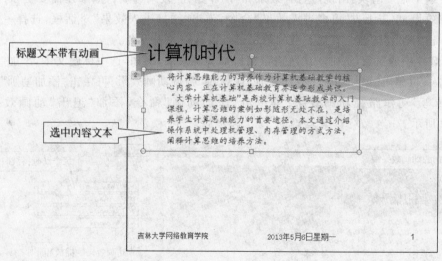

图 5-40

设置了动画的幻灯片对象的左侧有编号,编号表示幻灯片放映时这些对象出现的先后顺序。一个对象可以多次添加动画效果,可以有多个动画效果,如先添加"进入"动画,再添加"强调"动画,再添加"退出"动画。

- 单击"动画"功能组中的快翻按钮，弹出更多动画选项；与单击"添加动画"按钮的功能一样，如图5-41所示。

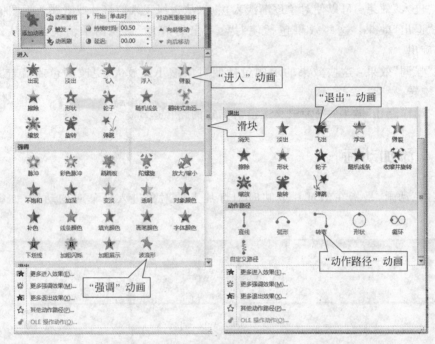

图 5-41

- 向下拖动滑块，出现"退出"效果和"动作路径"效果选项。如果还需要更多"进入"效果，单击下方"更多进入效果"命令，弹出"添加进入效果"对话框，选择一款，单击"确定"按钮。其他类型的效果也可以这种方式设置。

幻灯片中的对象，选中一次可以多次添加动画效果，例如，选中标题文本，添加"浮入"动画效果；再单击"添加动画"命令，添加"陀螺旋"强调动画效果；再单击"添加动画"命令，添加"转弯"动作路径动画效果；再单击"添加动画"命令，添加"退出"动画效果，如图5-42所示。

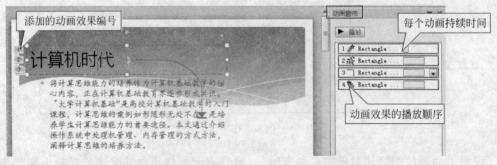

图 5-42

- 单击"效果选项"上的小三角，弹出动画运动的方向，选中一款。多数动画都有多个运动方向,如图 5-43 所示。

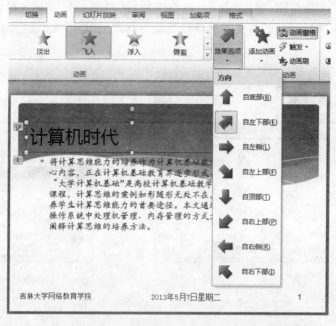

图　5-43

- 单击"动画窗格"命令,在幻灯片窗格的右边,出现动画窗格,在其中可以预览动画效果,观察动画持续的时间。利用鼠标拖曳对象,还可以调整该幻灯片上的动画播放顺序,如图 5-44 所示。

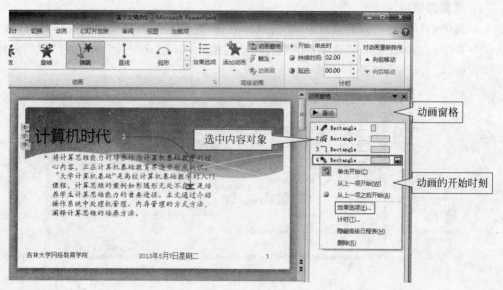

图　5-44

- 在"动画窗格"中,选中一项动画,单击它右端的小三角,弹出下拉列表命令,单击"效果选项",弹出"弹跳"对话框,如图 5-45 所示,在其中可以设置动画放映时的声音。

- 在"计时"功能组中,单击"开始"的小三角,选择开始播放动画的时刻,如图 5-46 所示。在"持续时间"的文本框里设置动画持续的时间;在"延迟"文本框里设置延迟时间。

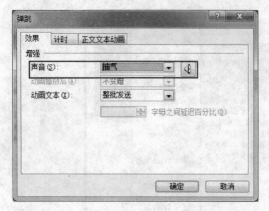

图 5-45

图 5-46

5.5.2 设置超链接

在 PowerPoint 中,可以为对象创建超链接或设置动作按钮,实现简单的人机交互功能。单击超链接或动作按钮,跳转到另一张幻灯片、另一个文件或网络中的某个资源。

1. 设置超链接

- 选中幻灯片中的元素或对象,单击鼠标右键,在弹出的快捷菜单中选择"超链接"命令;或者,在"插入"选项卡的"链接"功能组中,单击"超链接"命令,打开"插入超链接"对话框,如图 5-47 所示。

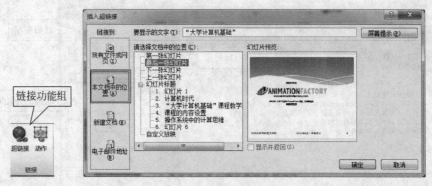

图 5-47

- 在对话框中选择超级链接的目标,目标可以是演示文稿内的其他幻灯片,也可以是幻灯片以外的文件;可以是本机上的文件,也可以是网络中的资源。

- 若要修改或删除超链接,在快捷菜单中选择"编辑超链接"或"删除超链接"命令。

2. 设置动作按钮

- 在"插入"选项卡的"链接"功能组中,单击"动作"按钮,弹出"动作设置"对话框。在"单击鼠标"卡片中设置单击鼠标时的动作。单击单选钮"超链接到",在下拉列表中选择目标,单击"确定"按钮,如图 5-48 所示。

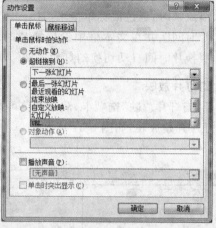

图　5-48

- 打开"鼠标移过"卡片,设置"鼠标移过时的动作"。单击"确定"按钮。在幻灯片放映过程中,当鼠标移过对象时,就会执行它链接的动作。

5.6　幻灯片放映

　　演示文稿制作完成后,通过放映展示幻灯片的内容。幻灯片的切换方式,是指在演示文稿的播放过程中,幻灯片进入和离开屏幕时的视觉效果。可以为指定的一张幻灯片设计切换效果,也可以为一组幻灯片设计切换效果。

1. 幻灯片的切换方式

- 打开"切换"选项卡,选中某张幻灯片,单击"切换到此幻灯片"功能组中的一款切换效果,例如"涡流"效果,这张幻灯片的切换效果设置完成,如图 5-49 所示。单击"预览"按钮,预览切换效果。用这种方式可以给选中的多张幻灯片设置相同的切换效果。

图　5-49

- 单击"效果选项"按钮，设置幻灯片进入屏幕的方向，如图 5-50 所示。在"声音"文本框的下拉列表中，选择幻灯片切换时的声音效果。在"持续时间"文本框中设置切换所用的时间。
- 单击"全部应用"按钮，演示文稿中所有幻灯片都应用与当前幻灯片相同的切换效果。
- 在"计时"功能组中设置换片方式。勾选"单击鼠标时"，演示文稿放映时，通过鼠标单击来切换到下一张幻灯片；勾选"自动换片时间"，并在文本框中设置换片时间。演示文稿放映时会按照换片时间自动切换幻灯片。

图 5-50

2. 幻灯片放映

打开"幻灯片放映"选项卡，演示文稿可以从头开始放映，也可以从当前幻灯片开始放映，如图 5-51 所示。单击状态栏中放映视图按钮，从当前幻灯片开始放映。

图 5-51

3. 自定义放映

- 单击"自定义放映幻灯片"按钮，打开"自定义放映"对话框。单击"新建"按钮，打开"定义自定义放映"对话框，如图 5-52 所示，左边的区域中列出了演示文稿中所有的幻灯片，选择需要的幻灯片，单击"添加"命令，添加到右边的区域中。

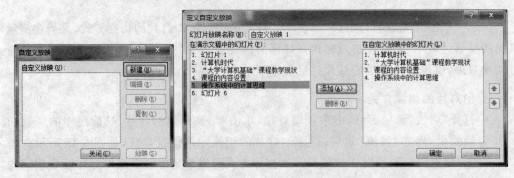

图 5-52

- 单击"确定"按钮返回"自定义放映"对话框，单击"放映"按钮，进行自定义方式的放映。

4. 设置放映方式

单击"设置幻灯片放映"按钮，弹出"设置放映方式"对话框，如图 5-53 所示。

———————— 计算机应用基础

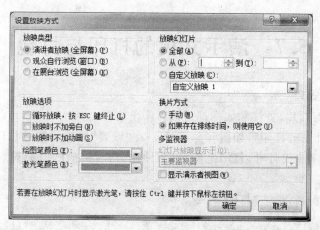

图 5-53

- "放映类型"区：选择演讲者放映、观众自行浏览或在展台浏览。
- "放映选项"区：设置幻灯片放映是否循环、是否加旁白及是否加动画。
- "放映幻灯片"区：选择全部放映、部分放映或者自定义放映。
- "换片方式"区：手动方式，还是排练计时。
- 在幻灯片放映状态下，设置绘图笔颜色，激光笔颜色。

在幻灯片放映状态下，按快捷键 Ctrl＋P，将鼠标转换为绘图笔，可以在屏幕上绘图。擦除笔迹可按 E 键；按 Esc 键恢复鼠标光标；或者在快捷菜单中选择"指针选项"下的"箭头"命令，也恢复鼠标光标。按 Esc 键可以结束幻灯片放映，如图 5-54 所示。

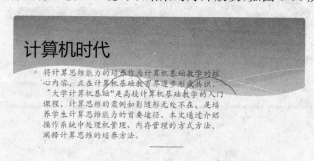

图 5-54

5. 将演示文稿存为放映方式

单击"文件"→"另存为"命令，在"保存类型"列表中选择"PowerPoint 放映"，单击"确定"按钮，演示文稿被保存为扩展名为.pps 的放映文件。鼠标双击，它自动放映，放映结束时自动关闭。

5.7 演示文稿的打印与打包

1. 设置打印版式

演示文稿的幻灯片、备注和大纲都可以打印出来。

- 单击"文件"→"打印",如图 5-55 所示。在"设置"区域设置要打印的内容、一张纸上要打印多少幻灯片、打印范围、纸张使用方向等。在右侧可以预览幻灯片的打印效果。
- 设置打印份数,单击"打印"命令。

图 5-55

2. PowerPoint 文件打包成 CD

将演示文稿打包成 CD,是指创建一个包,以便可以在其他大多数计算机上演示观看。

- 单击"文件"→"保存并发送"→"将演示文稿打包成 CD",→"打包成 CD",如图 5-56 所示。

打包演示文稿和所有的支持文件、链接文件,并能够从 CD 自动运行演示文稿。在打包演示文稿时,PowerPoint Viewer 播放器也包含在 CD 上。因此,在没有安装 PowerPoint 的计算机上也可以自动播放演示文稿。也可以将演示文稿打包到文件夹,以便存档或发布到网络上。

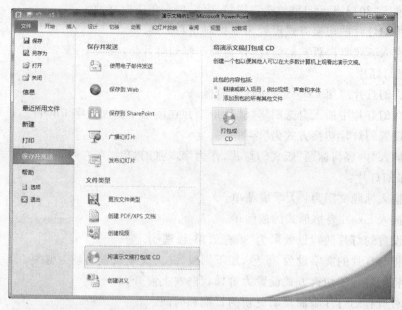

图 5-56

5.8 操作自测

以"网络时代"为主题,新建一个演示文稿,介绍大学生活,完成如下操作:

第 1 张幻灯片:

(1) 输入幻灯片标题和副标题,在幻灯片的右上角插入图片。

(2) 将幻灯片的切换方式设置为随机水平线条。

(3) 插入一张"标题和内容"版式的新幻灯片,作为第 2 张幻灯片。

第 2 张幻灯片:

(4) 在标题中输入"学习篇",并添加内容文本。

(5) 将文本设置为 28 号字,加粗、带阴影、红色(注意:请用自定义标签中的红色 255,绿色 0,蓝色 0)。

(6) 给标题设置动画效果为飞入,方向为自左侧,且单击鼠标时执行。

(7) 插入一张"图片与标题"版式的新幻灯片,作为第 3 张幻灯片。

第 3 张幻灯片:

(8) 标题中输入"娱乐篇",输入介绍娱乐生活的文本内容。

(9) 插入多张图片,并对图片添加"螺旋"动画效果。

(10) 将幻灯片的切换方式设置为"盒状收缩"。

(11) 插入一张空白版式幻灯片,作为第 4 张幻灯片。

第 4 张幻灯片:

(12) 在幻灯片上部插入艺术字,内容为:2013 年元旦联欢会。

（13）插入"2013年元旦联欢会"视频文件，要求单击时播放。

（14）将幻灯片的切换方式设置为中央向左右扩展。

（15）插入一张空白版式幻灯片，作为第5张幻灯片。

第5张幻灯片：

（16）将幻灯片应用Crayons设计型模板。

（17）在幻灯片中插入自选图形"圆柱形"，并在图形中添加文字Power。

（18）设置幻灯片切换方式为"溶解"。

（19）插入"内容与标题"版式幻灯片，作为第6张幻灯片。

第6张幻灯片：

（20）输入标题文字为：大学成绩单。

（21）插入Excel表格形式的成绩单。

（22）设置幻灯片的背景效果为"填充效果-纹理-水滴"。

（23）将幻灯片的文字设为36号、加下划线，并为文字设置动画为劈裂。

（24）将幻灯片的切换方式设置为阶梯状向右上展开。

（25）对所有幻灯片添加自动更新的日期和时间。

第 6 章 网络基础知识

计算机技术与通信技术在发展中相互渗透、相互结合产生了计算机网络。计算机网络技术又大大促进了计算机和通信技术的发展,计算机应用已经离不开计算机网络。

6.1 网络的基本概念

计算机网络是利用通信设备和通信线路,将分散的具有自主功能的计算机有机地连接起来,通过网络软件(包括网络协议和网络操作系统)实现网络资源共享和通信功能的系统。

1. 计算机网络的拓扑结构及分类

网络中各台计算机连接的模式称为网络拓扑结构。按拓扑结构,计算机网络可以分为星型、总线型、环型、树型、网型,如图 6-1 所示。

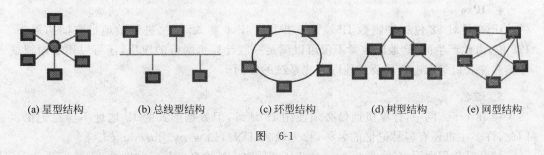

(a) 星型结构　　(b) 总线型结构　　(c) 环型结构　　(d) 树型结构　　(e) 网型结构

图　6-1

按计算机网络的覆盖范围,计算机网络可以分为局域网、城域网、广域网、互联网。

(1) 局域网(LAN,Local Area Network):连接的计算机分布在 1km 的范围之内,覆盖范围小、传输率高、误码率低、拓扑简单和容易管理。

(2) 城域网(MAN,Metropolitan Area Network):连接的计算机分布在 20km 的范围之内,覆盖范围介于局域网和广域网之间。

(3) 广域网(WAN,Wide Area Network):连接的计算机分布在 1000km 的范围之内,覆盖范围大、需用公用网支持、传输率低、拓扑复杂。

（4）互联网（Internetwork）：不同地理位置、不同拓扑结构或者不同协议标准的网络通过网关连接起来，形成更大的网络，称为互联网。

2. TCP/IP 协议

通信双方要想成功地完成通信功能，必须遵守一定的通信规则，这些规则称为通信协议（Protocol）。目前使用的，将各个国家及地区、各种机构的内部网络连接起来的计算机通信网络，一般称为 Internet。Internet 是一个基于 TCP/IP 协议的网络。

Internet 工作方式为客户机/服务器（Client/Server）模式。提供资源的计算机称为服务器；使用资源的计算机称为客户机。客户机发出请求命令，服务器根据请求命令提供服务，如图 6-2 所示。

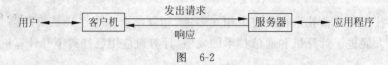

图　6-2

3. IP 地址

每台连入 Internet 网的计算机或设备都被称为主机，每台主机都有一个独一无二的标志数字，称为 IP 地址。

IP 地址用 32 位二进制数表示，每 8 位一组（即一个字节），以圆点 . 分隔。IP 地址的二进制格式为：×××××××× . ×××××××× . ×××××××× . ××××××××。

将每组二进制数转换为十进制数，IP 地址格式为：××× . ××× . ××× . ×××，例如 192.111.120.60。

每组十进制数取值范围为 0～255。

4. IPv6

IPv6 是对 32 位二进制数 IP 地址的扩展。IPv6 将 32 位二进制数地址空间扩展到 128 位，由此产生的 IP 地址数量不仅可以满足一般计算机网络的应用，还可以用于电视、冰箱和洗衣机等家电产品及其他嵌入式系统的联网。

5. 域名

在 Internet 网中，计算机通信必须使用 IP 地址，但数据形式的 IP 地址不容易记忆。因此，许多主机还有容易记忆的名称，称为域名（DN），如 www.jlu.edu.cn。

域名采用层次命名法，顺序为：主机名 . 网络名 . 机构名 . 国家，如图 6-3 所示。

图　6-3

Internet 中，域名服务系统 DNS 负责将域名转换为 IP 地址。例如，域名 www.jlu.edu.cn 转换成 IP 地址 202.198.16.80。

6. 网络互连设备

网络互连需要中间设备实现网络之间的物理连接和协议转换，这些中间设备统称为网络互连设备。

（1）网络接口卡

网络接口卡（NIC，Network Interface Card）又称网络接口适配器（NIA，Network Interface Adapter），简称网卡。网卡分为有线网卡和无线网卡两种。网卡可以插在计算机主板上，也可以集成在主板上。在局域网中，网卡是计算机接入网络必不可少的设备。按数据传输率网卡分为 10Mbps、100Mbps、10/100Mbps 自适应和 1000Mbps 网卡。

每块网卡上都有全球唯一的物理地址标识，通常称它为 MAC 地址。MAC 地址用于识别源网络站点地址，它唯一标识网络设备地址。网络中任意一台网络设备，都有一个全球唯一的 MAC 地址。MAC 地址长度为 48 位二进制数。

有线网卡上的插口通常为 RJ-45 型插口，通过双绞线连接。

（2）调制解调器

调制解调器（modem）完成数字信号与模拟信号的相互转换。调制是将计算机发出的数字信号转换成模拟信号，以便在电话线路或微波线路上传输；解调是将模拟信号转换成数字信号，以便把信息送入计算机。调制解调器有内置式和外置式两种类型，如图 6-4（a）和（b）所示。

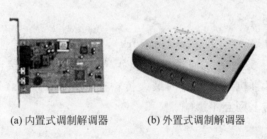

(a) 内置式调制解调器　　　　(b) 外置式调制解调器

图　6-4

（3）路由器

路由器主要用于把局域网接入广域网。全球最大的互联网 Internet 是通过众多路由器互联起来的计算机网络。路由器主要功能为路径选择、数据转发（又称为交换）和数据过滤。路由器分为有线路由器和无线路由器两种，如图 6-5（a）和（b）所示。

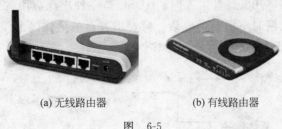

(a) 无线路由器　　　　　　(b) 有线路由器

图　6-5

6.2 网络接入方式

按用户网络接口上的传输速率是否大于 2Mbps，网络接入方式分为窄带接入和宽带接入。目前应用比较广泛的有线宽带接入方式有 ADSL、VDSL、HFC、以太网接入和光纤接入等方式，无线宽带接入方式有 WLAN、3G 移动接入。

6.2.1 有线接入方式

1. 普通拨号方式

普通拨号方式上网需要一根电话线和一个调制解调器（MODEM），俗称"猫"。用户需要到电信局申请特服电话（如 16300、16900 等），得到上网的用户名和口令。MODEM 分为内置式与外置式两种。内置 MODEM 插在计算机主板上，在主机箱后面板上可以看到 MODEM 接口，将电话线接头接入 MODEM 的电话插口上。外置 MODEM 自带一条 MODEM 与计算机的连接线，该连接线一端接 MODEM，一端接计算机主机上的串行口。将电话线接头插入 MODEM 的电话插口上，接线完成。这种拨号方式上网速度慢，最高只能达到 56Kbps，属于窄带接入方式。

2. 一线通（ISDN）

ISDN（Integrated Service Digital Network），中文名称是综合业务数字网，中国电信将其俗称为"一线通"。这种方式通过一个称为 NT 的转换盒连接，盒上一个 TA 口接电话机，一个 NT 口接计算机。它允许的最大传输速率是 128Kbps，是普通 MODEM 的三至四倍，并且打电话与上网互不影响。

3. ADSL

ADSL 是英文 Asymmetrical Digital Subscriber Loop（非对称数字用户环路）的缩写。ADSL 技术是运行在普通电话线上的一种宽带接入技术，它利用电话铜线，为用户提供上行、下行不一样的数据传输速率。上行（从用户到网络）最大数据传输速率 640Kbps；下行（从网络到用户）数据传输速率可达 8Mbps。ADSL 接入 Internet 有虚拟拨号和专线接入两种方式，虚拟拨号方式与普通拨号方式和 ISDN 方式采用相似的拨号程序，使用习惯基本相同。专线接入用户开机就直接入网。ADSL 是一种广泛应用的宽带接入技术，最大传输距离 3～5km，上网时不影响通电话。只要用普通电话线接上简单的 ADSL 设备即可接入网络，广泛用于家庭接入互联网，如图 6-6 所示。

ADSL调制解调器

图 6-6

4．VDSL

VDSL(Very-high-bit-rate Digital Subscriber Loop)高速数字用户环路,是高速的ADSL。短距离内的最大上传速率19.2Mbps,最大下传速率55Mbps,甚至更高。

5．光纤接入

采用光纤传输技术入网,电信局和用户之间全部或部分采用光纤传输的通信系统。FTTX方式是光纤直通用户家中,是宽带接入网的发展方向和最终的接入网解决方案。FTTX+LAN接入方式是一种利用光纤加五类双绞线方式实现的宽带接入方案,用户上网速率可达10Mbps,网络可扩展性强,投资规模小。

6.2.2 无线接入方式

个人用户无线接入方式有WLAN和移动接入两种方式。

1．WLAN

通过有线宽带入网的用户(如ADSL),首先连接到一个无线路由器,然后可以有多台计算机通过无线网卡上网,共享带宽,如图6-7所示。这种技术是有线宽带接入技术的一种补充。目前很多学校、办公大楼和一些公共场所都提供免费的WLAN网络服务,这里配备无线网卡的计算机或智能手机都可以通过WLAN上网。如果WLAN接入需要密码,可以向接入点索取。

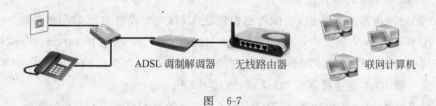

ADSL 调制解调器　　无线路由器　　联网计算机

图 6-7

2．移动接入

向电信服务商购买无线上网卡,通过它接入互联网。无线网卡接入到无线广域网,如中国移动的TD-SCDMA、GPRS,中国电信的CDMA2000,中国联通的WCDMA网络等。这种方式可以在手机信号覆盖的任何地方上网。苹果的iPad、E人E本笔记本电脑,都可以通过购买无线上网卡入网。智能手机用户申请开通网络功能后即可上网,不需要购买无线上网卡。

6.3　Windows 7中的网络设置

Windows 7中的网络组件设置非常方便。如果网络中计算机都使用Windows 7,网络甚至不需要设置就可以访问。近年来,家庭用户组建局域网越来越普遍,在网络中可以共享文件、打印机、互联网连接等资源。

6.3.1 设置小型局域网

要设置家庭或小型办公网络,除了拥有多台计算机之外,还需要一台路由器、几根网线。如果使用无线路由器,则只需要 1~2 根网线。

假设一个家庭已经开通 ADSL 服务,在家中有 3 台计算机,其中一台计算机通过双绞线与 ADSL Modem 相连,可以上网。家中还有一个无线路由器和另外 2 台计算机,希望这 3 台计算机组成一个局域网,共享文件、打印机、互联网连接、共同娱乐等。

(1) 网络拓扑结构

构建家庭局域网一般采用星型拓扑结构,以无线路由器为中心节点。台式计算机一般安装有线网卡,可以通过双绞线接到无线路由器的 LAN 接口。笔记本一般既安装有线网卡又有无线网卡,既可以通过双绞线与路由器连接,也可以无线连接到路由器。无线路由器的连线方法请参照 6.2.2 节。

(2) 设置计算机

配置路由器必须通过计算机。首先在准备入网的计算机中挑选一台配备有线网卡的计算机,用一根双绞线将计算机和无线路由器连接起来,双绞线一端接计算机的网卡,一端接无线路由器的 LAN 口。

新买的无线路由器没有进行过任何设置,必须首先使用有线的方式连接到计算机,配置完成后才能以无线的方式工作。

用于配置路由器的计算机,在配置路由器之前,首先要设置自己的网络参数。

- 在 Windows 7 系统中,单击"开始"→"控制面板"→"网络和 Internet"→"网络和共享中心"→"更改适配器设置"。右击"本地连接",在弹出的列表命令中单击"属性",弹出"本地连接属性"对话框,如图 6-8 所示。
- 双击"Internet 协议版本 4(TCP/IPv4)"弹出属性对话框,如图 6-9 所示。
- 选择"自动获得 IP 地址"和"自动获得 DNS 服务器地址"单选按钮。单击"确定"按钮,返回上一级菜单,单击"确定"按钮,完成计算机网络参数设置。

(3) 路由器的设置

不同厂家的路由器设置方法可能不同,有些需要直接运行配置程序,有些需要用浏览器访问路由器的默认地址,在网页上配置路由器。具体使用哪种方法,请参照路由器使用说明书。这里,以在网页中配置路由器为例,说明无线路由器的设置过程。

- 打开浏览器,在浏览器的地址栏中输入 192.168.1.1 后按回车,弹出如图 6-10 所示窗口。
- 在网页中弹出的对话框里输入用户名和密码,默认的用户名和密码都是 admin,单击"确定"按钮,进入路由器设置界面。
- 单击"设置向导",单击"下一步"按钮。
- 选择 PPPoE(ADSL 虚拟拨号)方式,单击"下一步"按钮,如图 6-11 所示。

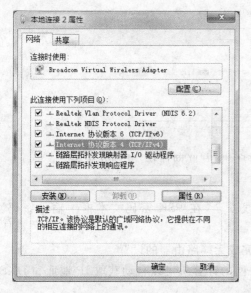

图 6-8   图 6-9

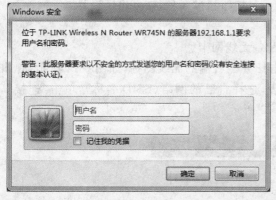

图 6-10

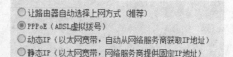

图 6-11

- 输入从电信局申请的 ADSL 的上网账号和口令，单击"下一步"按钮，如图 6-12
  所示。

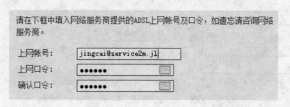

图 6-12

- 给家庭网络命名。在 SSID 的文本框中输入无线网络的名称，可以使用默认值，也
  可以自己命名，如图 6-13 所示，(将 SSID 记录在纸上备用)。

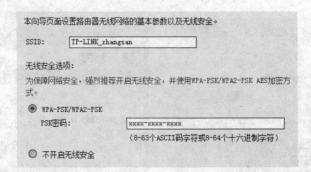

图 6-13

- 单选 WPA-PSK/WPA2-PSK 开启无线安全,在 PSK 密码文本框中输入密码。
  (将 PSK 密码记录在纸上备用)。
- 单击"下一步"按钮,单击"重启"按钮,完成无线路由器的设置。

无线路由器默认开启 DHCP 功能,准备入网的计算机可以自动获取 IP 地址和 DNS 服务器地址。

大部分路由器都有一个 Reset 按钮,按住超过 5 秒可以清除路由器的当前设置恢复出厂设置。有些路由器要先断电再按住 Reset 按钮超过 5 秒,恢复出厂设置。

(4)无线网络连接

以无线的方式接入网络,计算机应该配备无线网卡。

- 在 Windows 7 系统的桌面上,单击任务栏右端的无线图标,如图 6-14 所示,弹出计算机已经探测到的无线网络列表,选择自己的网络(SSID 名称),单击"连接",弹出"连接到网络"提示框,如图 6-15 所示。

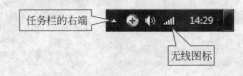

图 6-14

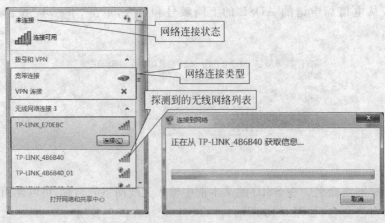

图 6-15

- 在"安全关键字"文本框中输入 PSK 密码,单击"确定"按钮,如图 6-16 所示。

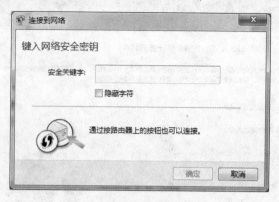

图   6-16

- 当网络连接状态为"已连接",则计算机已经成功加入无线网络。

(5)设置家庭网络

在 Windows 7 中,所有网络被分为两种类型:可信网络和不可信网络。家庭网络和工作网络属于可信网络,公用网络属于不可信网络。首次连接到某一网络后,系统弹出如图 6-17 所示对话框。

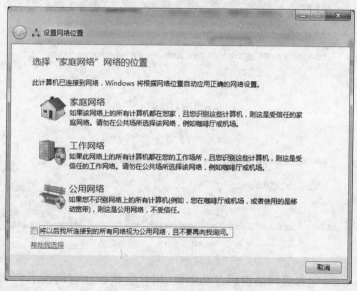

图   6-17

- 单击"家庭网络",弹出"创建家庭组"对话框,如图 6-18 所示,系统将现在接入的网络设置为家庭网络类型。Windows 系统会自动调整 Windows 防火墙的相关选项以适应网络类型。
- 勾选希望在家庭组网络中共享的内容,单击"下一步"按钮,弹出设置密码对话框,如图 6-19 所示。

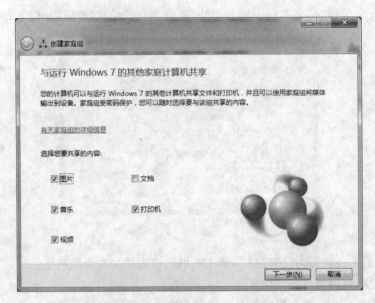

图　6-18

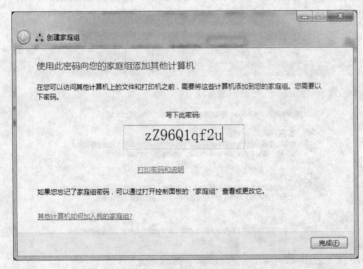

图　6-19

  Windows 7 中，家庭组网络密码自动生成，用户应该记住密码或者将密码打印留存。其他计算机如果想进入这个家庭组网络需要输入密码。单击"完成"按钮，家庭组网络设置完成。

6.3.2　网络和共享中心

  在 Windows 7 的桌面上，在任务栏右端的通知区域中单击网络连接图标，弹出网络列表框，单击"打开网络和共享中心"，打开如图 6-20 所示窗口。

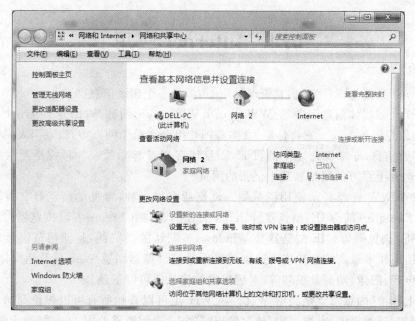

图　6-20

在网络和共享中心,可以设置与网络有关的所有内容。在图 6-20 中的"查看基本网络信息并设置连接"区域中,名为 DELL-PC 的计算机属于网络 2,并通过网络 2 接入 Internet。

单击"查看完整映射",可以查看网络 2 的整个网络结构。网络中的计算机、路由器等所有网络硬件都会显示在映射图上,如图 6-21 所示(网络 2 中只有一台计算机 DELL-PC)。

图　6-21

将鼠标移动到网络中的某个设备上,系统显示出该设备的网络信息。单击其中的某台计算机,可以使用其中共享的资源,如文件夹、打印机等。

将计算机加入家庭组后,在资源管理器的导航窗格就出现家庭组结点,其中列出了组中所有的计算机。单击组中的某个计算机,即可浏览该计算机上的共享资源。

6.4 Internet 应用

Internet 连接全球计算机,其资源无所不有,是一个超级信息网。

Internet 超媒体信息服务(WWW,World Wide Web,简称 Web)是 Internet 上使用频率最高的信息服务方式。它将标题、文本和图片组合在单个网页中,以吸引人视觉的形式显示大多数信息,非常像杂志中的页面,而且伴有声音与动画。"网站"是互联网页的集合,Web 包含上百万的网站和几十亿张的网页。

获取 WWW 资源必须使用浏览器。浏览器有很多种,常见的浏览器有微软公司的 Internet Explorer(简称 IE)浏览器、Firefox 火狐浏览器、Chrome 谷歌浏览器、搜狗高速浏览器、360 浏览器等。IE 浏览器是 Windows 7 默认的浏览器,是使用范围最广的浏览器,国内使用频率最高的是搜狗高速浏览器。通过浏览器浏览 Web 页及超媒体信息,例如图形、声音、图像、动画及视频等,对感兴趣的信息还可以下载。

"网上冲浪"的意思就是浏览 Web。在 Web 上可以查找所有可以想象到的主题相关信息。例如,新闻报道、电影评论、核对航班时刻表、查阅街道地图、了解城市天气预报、或者调查健康状况。大多数公司、机关、博物馆和图书馆都有网站,网站上有关于它们的产品、服务或收藏的信息,也可以随处获得诸如词典和百科全书之类的参考资源。

Web 还是购物者的好去处。您可以在购物网站上浏览和购买产品,包括书籍、音乐、玩具、衣服、电子产品等。

E-mail("电子邮件"的缩写)是一种与他人通信的便利方式。发送一封电子邮件,它几乎可以立刻到达收件人的电子邮件收件箱中。可以同时给许多人发送电子邮件,并可以保存、打印并向他人转发电子邮件。可以在电子邮件中附带发送任何类型的文件:文档、图片和音乐文件等。

6.4.1 IE 浏览器

网络技术飞速发展,利用网络资源获取新信息、学习新知识是这个时代的特征。浏览器是在网络上浏览信息的必备工具。打开 IE 浏览器方法之一是:

- 单击「开始」按钮→"所有程序"→Internet Explorer,启动 IE 浏览器,如图 6-22 所示。

IE 浏览器的窗口沿袭了微软公司的一贯风格。标题栏显示网页的名称;地址栏中输入网站地址;菜单栏集中存放了 IE 中的常用命令,默认隐藏;搜索框默认的搜索引擎是 Bing;收藏夹用来保存自己喜欢的网址;工具栏由一系列的常用命令按钮组成;状态栏显示浏览器当前的状态。

1. IE 浏览器的基本操作

- 在浏览器的地址栏中,输入网址,如图 6-23 所示,按 Enter 键,网址的主页就出现在浏览器中。

图 6-22

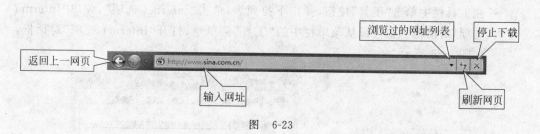

图 6-23

在网页上,鼠标滑过某一项时,如果指针变为手形,表明它具有超链接。单击它可以打开超链接,查看更详细的内容。网页上的所有元素都可以带有超链接,可以超链接一个网站、一个网页、文字、图片、音频、视频等内容。

IE 浏览器的工具栏上包含多个常用命令按钮,如图 6-24 所示。

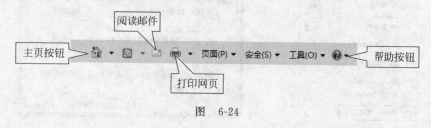

图 6-24

- 单击主页按钮旁边的小三角,弹出列表命令,可以删除当前的主页,也可以添加或更改主页。单击"添加或更改主页",弹出对话框,选择一种将当前网页添加为主页的方式,如图 6-25 所示,单击"是"按钮。
- 单击"打印"按钮可以打印主页。单击"打印"按钮旁边的小三角,弹出列表命令,可以在打印前预览打印效果,还可以对打印页面进行设置。

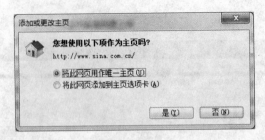

图 6-25

- 复制网页上的信息。在网页上按下鼠标左键拖动,选择要复制的信息,右击弹出快捷菜单,单击"复制"命令,内容被复制到剪贴板上。在目标文档中找到插入点,单击"粘贴"命令,将网页上的信息粘贴到自己的文档中。
- 网页上图片设置为墙纸。在网页上,右击图片,弹出快捷菜单,选择"设置为桌面背景",图片成为桌面墙纸。

2. 设置主页

可以将经常访问的网页设置为 IE 浏览器的主页,启动浏览器时自动加载主页。

- 在工具栏中单击"工具"按钮,弹出下拉列表,单击"Internet 选项",弹出"Internet选项"对话框。也可以从菜单栏中的"工具"菜单里,打开"Internet 选项"对话框,如图 6-26 所示。

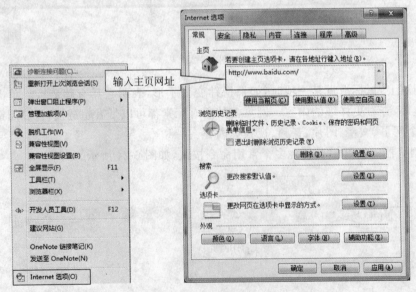

图 6-26

在"常规"选项卡中的"主页"区域,在文本输入框中输入作为主页的网络地址,系统据此创建主页选项卡。IE 8 允许输入多个主页地址,创建多个主页选项卡。

在"常规"选项卡中"主页"区域,还有三个按钮:"使用当前页"、"使用默认值"和"使用空白页"。如果使用当前打开的网页作为主页,单击"使用当前页"按钮。使用默认的网页做主页单击"使用默认页"按钮。单击"使用空白页",IE浏览器启动时地址栏中没有网络地址,因此不会打开任何网页。

3. 清理历史记录

用户浏览过的网页,IE浏览器会记载该网页的相关信息,以便以后再次浏览该网页时可以快速加载,这些信息称为历史记录。保存的历史记录占用系统内存,从而影响计算机运行速度,用户需要对历史记录定期进行清理。

- 打开"Internet选项"对话框,在"常规"卡片中的"浏览历史记录"区域,单击"删除"按钮,弹出"删除浏览的历史记录"对话框,如图6-27所示。

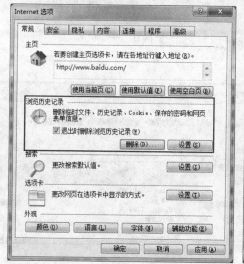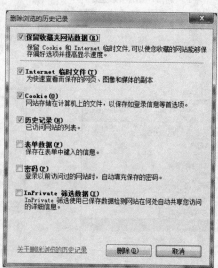

图   6-27

- 勾选要删除的内容,单击"删除"按钮。IE默认保留收藏夹的网站数据,删除保存的历史记录、临时文件和Cookie。表单数据、保存的密码和InPrivate筛选数据不是默认的删除内容,用户可以自己设置。
- 在"Internet选项"对话框中,勾选"退出时删除浏览历史记录",每次关闭IE浏览器时,系统自动删除历史记录。
- 操作完成后,在"Internet选项"对话框中,单击"确定"按钮。

4. 添加到收藏夹

浏览到自己喜欢的网页,可以将其添加到收藏夹,以便以后浏览。

- 单击"收藏夹",弹出收藏夹导航窗格,如图6-28所示。
- 单击"添加到收藏夹",弹出"添加收藏"对话框,在"名称"文本框中输入网页的名称,单击"添加"按钮,网页添加到收藏夹。收藏夹的内容如图6-29所示。
- 如图6-30所示,单击"创建位置"的小三角按钮,弹出下拉列表,IE浏览器在收藏夹中预设了一些网站的收藏夹。用户可以将自己的网页收藏在这些收藏夹中,也可以自己新建文件夹,将自己收藏的网页分类存放。

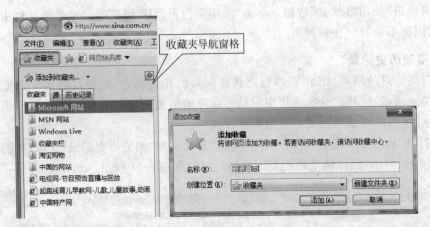

图 6-28

图 6-29

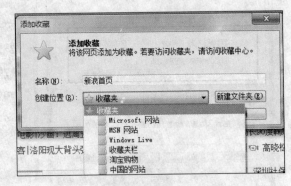

图 6-30

- 在"收藏夹导航窗格"中,单击"添加到收藏夹"旁边的小三角按钮,弹出下拉列表,单击"整理收藏夹",弹出"整理收藏夹"对话框,如图 6-31 所示,在其中可以管理收藏夹中的文件夹和网页。

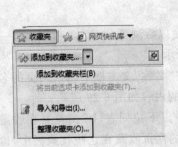

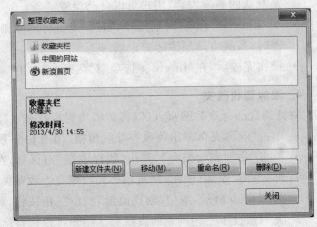

图 6-31

计算机应用基础

5. 保存网页内容

- 打开网页,单击"文件"菜单中的"另存为"命令,弹出"保存网页"对话框,如图 6-32
  所示。

图 6-32

- 输入文件名,在"保存类型"的下拉列表中选择"网页,全部(∗ .htm, ∗ .html)",单
  击"保存"按钮。这种类型保存 Web 页的信息,不保存图像、声音等内容。

6.4.2 Outlook 2010

Outlook 2010 是微软公司推出的收发电子邮件的软件。电子邮件是网络应用的一
项重要功能,使用电子邮件是信息社会里工作、生活中必须掌握的一项技能。

单击「开始」按钮→"所有程序"→Microsoft Office→Microsoft Outlook 2010,启动
Outlook 2010。

初次打开 Outlook 2010,系统打开 Microsoft Outlook 2010 启动向导,帮助用户完成
配置 Outlook 2010 的操作。

- 单击"下一步"按钮打开"账户配置"对话框,配置 Outlook 以便链接到 Internet 收
  发电子邮件。选择"是"单选按钮,单击"下一步"按钮,如图 6-33 所示。
- 在打开的"添加新账户"对话框中,选择"电子邮件账户"单选按钮,单击"下一步"
  按钮。
- 配置邮件账户。选择"电子邮件账户",输入姓名、电子邮件地址和邮箱密码。
  例如:
  姓名:zhanghao
  电子邮件地址:zhanghao@sina.com

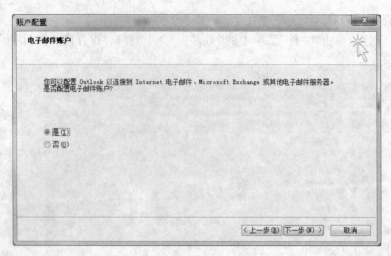

图 6-33

密码：12345678

电子邮件地址应该是已经申请使用的邮箱地址，密码是该邮箱的密码，如图 6-34 所示。

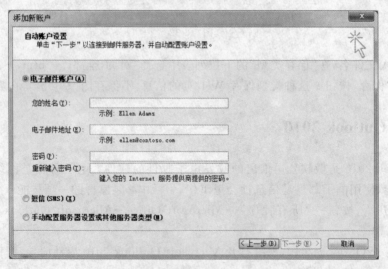

图 6-34

- 单击"下一步"按钮，弹出"联机搜索您的服务器设置"对话框，系统尝试登录到邮件服务器，稍后，可能出现"到邮件服务器的加密不可用，请单击下一步尝试使用非加密连接"，单击"下一步"按钮，系统继续尝试登录到邮件服务器，稍后，登录成功，如图 6-35 所示。
- 单击"完成"按钮，在 Outlook 中成功添加了一个账户，并向账户发送一封测试邮件。接下来系统打开 Outlook 2010 界面，如图 6-36 所示。

如果拥有多个邮件账户，在进入 Outlook 2010 后，单击"文件"→"信息"命令，在旁边

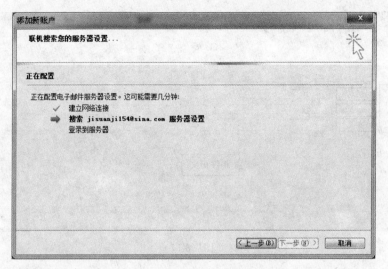

图　6-35

图　6-36

的账户信息中单击"添加账户"命令,打开"添加新账户"对话框,把其他的账户添加进来。添加账户的过程与上面的过程一样。

6.4.3　收发邮件

1. 撰写和发送邮件

- 在"开始"选项卡中,单击"新建电子邮件"按钮,打开"未命名-邮件"窗口,如图6-37所示。
- 在"收件人"栏中,输入收件人的邮箱地址,如 zhangl@sohu.com。
- 在"抄送"栏中,输入其他接受邮件的人的邮箱地址。这一栏可以空白。

图 6-37

- 在"主题"栏中,输入邮件内容的简单说明。这一栏可以空白。
- 在邮件正文编辑区输入邮件内容。
- 单击"发送"按钮,新邮件发送出去,窗口自动关闭。

在"收件人"和"抄送"栏中,可以输入多个收件人的邮箱地址,将它们用逗号或分号隔开。"抄送"框中的收件人,将收到邮件副本,邮件的其他收件人可以看到该收件人的姓名。

在创建邮件时,可以使用"密件抄送"功能。在邮件窗口中,单击"选项"选项卡,然后在"显示字段"组中单击"密件抄送"按钮,在"抄送"框的下边出现"密件抄送"框。添加在"密件抄送"框中的收件人,将收到该邮件的副本,并且邮件的其他收件人不能看到该收件人的姓名。

2. 接收阅读邮件

启动 Outlook 2010 时,系统自动检查新传入和传出的邮件,并从电子邮箱中读取邮件,显示在内容窗格中。也可以随时单击"发送/接收所有文件夹"命令按钮,手动发送和接收邮件。在收件箱中,通过单击邮件查看邮件内容。

- 在"开始"选项卡的最右端,单击"发送/接收所有文件夹"按钮,新到的邮件接收到收件箱中,如图 6-38 所示。

图 6-38

- 单击收件箱,收件箱中的邮件以列表的形式出现在邮件列表区,默认以收到的时间先后为序排列。单击"排列方式",弹出下拉菜单,在其中选择邮件排序的依据,使邮件按照需要的方式排序,如图 6-39 所示。
- 单击邮件,在阅读窗格查看邮件内容。也可以双击邮件,在打开的邮件窗口中查看邮件。
- 如果邮件带有附件,则单击附件以在"阅读窗格"中进行查看,或者双击附件以在应用程序中打开附件。

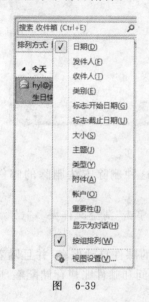

图 6-39

图 6-40

3. 答复转发邮件
阅读收到的邮件后,有时需要答复该邮件或转发给其他人。

(1) 答复邮件
- 在"响应"功能组中,如图 6-40 所示,单击"答复"按钮,弹出邮件窗口,如图 6-41 所示。
- 在邮件正文编辑区,输入内容,单击"发送"按钮。答复的邮件内容与邮件原件内容一起发给发件人。

答复电子邮件时,原始邮件的发件人邮箱地址会自动添加到"收件人"框中。答复邮件可以只答复邮件的发件人,也可以答复"抄送"框中的人,还可以添加新的收件人。如果对所有人进行答复,单击"全部答复"按钮。

(2) 转发邮件
- 在"响应"功能组中,单击"转发"按钮,弹出邮件窗口。
- 输入收件人邮件地址。
- 可以在邮件正文编辑区输入内容,也可以不输入内容,单击"发送"按钮。

4. 删除邮件
在收件箱、草稿箱或发件箱中选择要删除的邮件。在"删除"功能组中,单击"删除"按

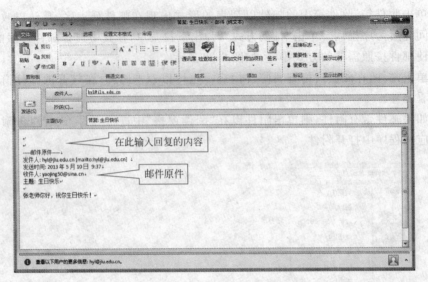

图 6-41

钮,删除的邮件将移动到"已删除邮件"文件夹中。用这种删除方法删除的邮件还可以恢复。

单击"已删除邮件"文件夹。打开"文件夹"选项卡,单击"清空文件夹","已删除邮件"文件夹中的邮件被永久删除,不能恢复。

Outlook 2010 在默认状态下对接收的邮件和发送的邮件自动保存,并且随着时间的推移,"已删除邮件"文件夹的内容也会占用大量存储空间和邮件账户存储配额,应该及时清理。

6.4.4 管理联系人

1. 添加联系人

- 在"开始"选项卡上的"新建"功能组中,单击"新建项目",弹出下拉菜单,单击"联系人"选项卡标签,弹出"未命名-联系人"窗口。
- 输入联系人姓名、单位、电子邮件地址等相关信息,这时窗口的名称变为"联系人姓名-联系人",如"许仙-联系人",如图 6-42 所示。
- 在"联系人姓名-联系人"窗口中,单击"保存并关闭"按钮,保存联系人的信息。也可以单击"保存并新建"按钮,保存此联系人并新建另一个联系人。

添加联系人的方法有多种。例如,在功能选择区中,单击"联系人"按钮,弹出联系人列表。在联系人列表中的空白处,右击,弹出快捷菜单,单击"新建联系人"命令,打开"未命名-联系人"窗口。

2. 从接收邮件中添加联系人

- 打开收件箱,单击一封邮件,在邮件的地址上右击,弹出快捷菜单,单击"添加到 Outlook 联系人"命令,弹出"联系人姓名-联系人"窗口。在窗口中输入联系人姓名、单位等相关信息,单击"保存并关闭"按钮,邮件的地址就添加到联系人名

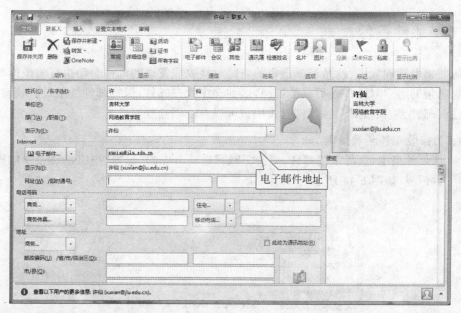

图　6-42

单中。

3. 将联系人添加到邮件

- 在"开始"选项卡中,单击"新建电子邮件"按钮,弹出新邮件窗口,单击窗口中的"收件人",弹出"选择姓名:联系人"对话框,如图 6-43 所示。

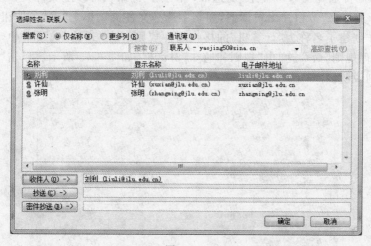

图　6-43

- 在对话框中,单击选中联系人,然后单击"收件人",联系人邮件地址显示在收件人文本框中;在对话框中继续选择抄送、密件抄送的联系人,单击"确定"按钮退出"联系人"对话框,回到邮件窗口中。
- 在邮件正文编辑区输入邮件正文,单击"发送"按钮发送邮件。

6.4.5 邮件管理规则

所谓邮件管理规则,就是根据指定的条件对接收或发送的邮件自动执行的操作规则。管理规则帮助用户对邮件进行分类归档,做到有序收发邮件,保持邮件处于最新状态。规则对已读邮件无效,仅对未读邮件起作用。可以自己创建规则。

1. 为接收邮件创建规则

- 在收件箱中,选择未读邮件,单击"开始"选项卡中的"规则"按钮,弹出"创建规则"对话框,如图 6-44 所示。

图 6-44

- 在对话框中,勾选"主题包含"复选框,在它的文本框中输入"计算机";然后勾选"在新邮件通知窗口中显示"复选框;再勾选"将该项目移至文件夹:"复选框,单击"选择文件夹"按钮弹出对话框,在其中选择文件夹。单击"确定"按钮。

以上操作创建了名称为"计算机"的接收邮件规则。在"开始"选项卡中,单击"规则"按钮中的"管理规则"命令,弹出"规则和通知"对话框,如图 6-45 所示。单击"计算机",阅读下面的规则说明。

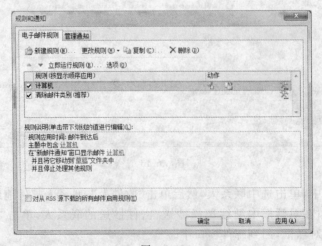

图 6-45

规则要求：新邮件到达后，如果主题中包含"计算机"，则在"新邮件通知窗口"中显示邮件"计算机"，并将它移动到"草稿"文件夹中。运行此规则同时停止运行其他规则。

2. 为发送邮件创建规则

- 在"开始"选项卡上的"动作"功能组中，单击"规则"，然后单击"管理规则和通知"，弹出"规则和通知"对话框，如图 6-46 所示。

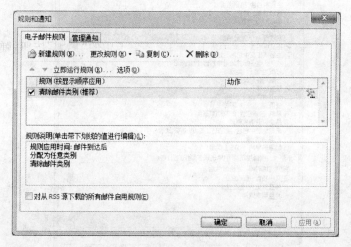

图 6-46

- 在"电子邮件规则"选项卡中，单击"新建规则"，弹出"规则向导"对话框，如图 6-47 所示。

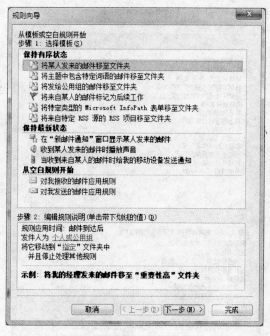

图 6-47

• 在规则向导中有三种模板可以选择：保持有序状态模板、保持最新状态模板和从空白规则开始模板。选择第三种模板中的"对我发送的邮件应用规则"，单击"下一步"按钮，开始设置发送邮件规则，如图 6-48 所示。

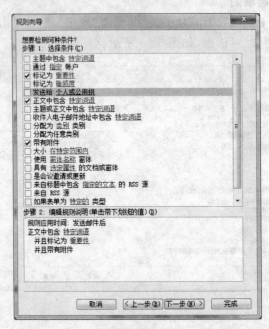

图　6-48

• 勾选检测的条件，并在"编辑规则说明"框中单击带下划线的值，输入具体的内容。单击"下一步"按钮继续设置，如图 6-49 所示。

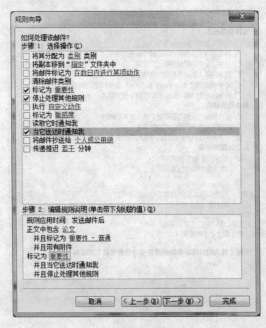

图　6-49

———————— 计算机应用基础

- 设置"是否有例外"。单击"下一步"按钮,如图 6-50 所示。
- 为规则输入一个名称,然后勾选"启用此规则"复选框。单击"完成"按钮。

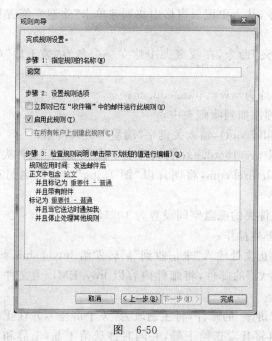

图 6-50

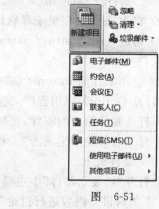

图 6-51

6.4.6　管理日常事务

Outlook 2010 具有规划管理日常办公事务的功能。它可以方便地创建约会、会议及制定任务,还可以设置约会和会议的自动提醒。

在"开始"选项卡中,单击"新建项目"按钮,弹出下拉命令列表。可以新建电子邮件、约会、会议、联系人、任务、短信等,如图 6-51 所示。

可以按日期和时间安排约会和会议,还可以选择每个约会是否安排联机会议、是安排一次还是多次召开、会议是否具有私密性、是否为会议设置会前提醒等。

利用新建"任务"功能,用户可以对自己的工作任务进行安排。可以将工作任务和工作安排分派给其他工作人员,并可以跟踪任务的进展情况。

RSS(Really Simple Syndication)简单的联合发布系统可以订阅博客、网站等的新闻,它自动收集这些网站的最新文章,使用户可以随时获得最新的信息。

6.5　操 作 自 测

1. 打开浏览器,完成下列操作:
(1) 请进入"吉林大学"网站,其网址为 www.jlu.edu.cn,将该网页设置为默认主页;
(2) 保存该网页到"刘洋"文件夹下,文件名为 jlu.htm;

（3）请进入"中国教育网"，其网址为 www.eduxp.com；

（4）保存该网页到"文章"文件夹下，文件名为 xp.htm；

（5）单击"查看"→"历史记录"命令，从历史记录窗格中找到并单击"欢迎光临吉林大学网站"进入吉林大学网站；

（6）通过"收藏（A）"→"整理收藏夹"命令，在收藏夹中建立一个名为"黑土地"的文件夹；

（7）请进入"北京大学"网站，其网址为 www.pku.edu.cn；

（8）将该网页以"北京大学"为名称添加到收藏夹中；

（9）进入百度搜索网站（www.baidu.com），输入关键字"瑞星"，进入搜索；

（10）将 V16 版的瑞星杀毒软件以 ravv16std.exe 为文件名下载到"刘洋"文件夹下；

（11）请进入网站 http://www.picture.com，将图片以"图 1.jpg"为文件名另存到"刘洋"文件夹下；

（12）将用来存储 Internet 临时文件夹的磁盘空间设置为 1024MB。

2．打开 Outlook 应用程序，完成下列操作：

（1）打开收件箱中的邮件，在邮件正文处输入"来信收到"后转发给 liuy@sina.cn。

（2）打开收件箱中主题为"工作计划"的邮件，将邮件内容以 liuy.EML 为文件名保存在"刘洋"文件夹下。

（3）打开"已发送邮件"中主题为"讲座"的邮件，将主题改为"关于讲座"，并在正文末尾键入"下午对讲座内容进行讨论"，再将其发送给王静，并同时抄送给王磊，王静和王磊的 E-mail 地址分别是 wangjing@263.com 和 wanglei@263.com。

（4）请按下列要求，使用 Outlook 发送邮件：

收件人：a@sina.com.cn

抄送：b@sina.com.cn

主题：考试安排

邮件内容：各位老师：期末考试从现在开始安排

将邮件内容格式设为：幼圆、14 磅。

（5）从收件箱中找到 liuyang@sina.cn，将其添加到通讯簿中的"同学"通讯组。

在 Outlook Express 中添加邮件账号、邮箱地址和服务器，具体操作如下：

姓名：文章

邮箱地址：wenzhang@126.com，密码：12345

POP3 服务器：pop.126.com

SMTP 服务器：smtp.126.com

参 考 文 献

[1] 彭爱华,刘晖. Windows 7 使用详解(修订版). 北京:人民邮电出版社,2012.

[2] 杰诚文化. Office 2010 办公应用自学成才. 北京:电子工业出版社,2012.

[3] 神龙工作室. 新手学 Windows 7. 北京:人民邮电出版社,2011.

[4] 宋长龙. 大学计算机基础. 北京:高等教育出版社,2011.